互联网 UI 设计

主　编　苗　苹
副主编　张立杨　周宏伟

北京邮电大学出版社
www.buptpress.com

图书在版编目(CIP)数据

互联网 UI 设计 / 苗苹主编. -- 北京 ：北京邮电大学出版社，2020.6
ISBN 978-7-5635-6068-4

Ⅰ. ①互…　Ⅱ. ①苗…　Ⅲ. ①计算机网络—人机界面—程序设计—教材　Ⅳ. ①TP311.1

中国版本图书馆 CIP 数据核字(2020)第 088062 号

策划编辑：马晓仟　**责任编辑：**徐振华　米文秋　**封面设计：**七星博纳

出版发行：北京邮电大学出版社
社　　址：北京市海淀区西土城路 10 号
邮政编码：100876
发 行 部：电话：010-62282185　传真：010-62283578
E-mail：publish@bupt. edu. cn
经　　销：各地新华书店
印　　刷：保定市中画美凯印刷有限公司
开　　本：787 mm×1 092 mm　1/16
印　　张：12.5
字　　数：320 千字
版　　次：2020 年 6 月第 1 版
印　　次：2020 年 6 月第 1 次印刷

ISBN 978-7-5635-6068-4　　**定价：**39.00 元

前　言

本书既是高校艺术教育规划教材，又是一本比较全面讲解 UI 设计和 UI 制作的书籍。本书全方位地介绍了 UI 设计、网络基础网页和 UI 的设计规则、UI 的制作实例，以“UI 设计、制作信息、创意思维”作为基本内容来介绍网页的视觉设计，从设计到信息再到制作，讨论“我们要怎样设计 UI，并以何种形式完成它”等问题。

全书共分为 5 章，主要内容包括 UI 概论、游戏 UI 设计概论、浏览器元素设计、网络媒体和移动媒体。本书不仅适合 UI 设计师、网页设计师、广告从业者和与网页设计课程相关的专业人士阅读，还适合初学者及网页设计爱好者阅读。

本书涉及互动媒体 UI 设计各个层面的知识点，从 UI 设计、网络与网页、网页设计、网页设计制作应用 4 个方面进行阐述，分层次、分角度、全方位、多角度地讲解所有层面。

第 1 章对 UI 概论进行了初步阐述，其中包括 UI 的概念、UI 的现状、UI 的未来发展趋势，可使初学者对 UI 有全面的了解。

第 2 章概述了游戏 UI 设计。

第 3 章主要介绍了浏览器的元素设计，讲解详细，步骤分明，结合实例分步讲解，根据实例进行网页的设计，让读者即刻体会制作网页的技巧和方法，使读者以最快的速度做出精美的设计元素。本章突破了以往互动媒体 UI 设计书籍的技术，制作技法紧跟时代步伐，为读者提供了更加新颖、合理的学习方法。

第 4 章主要针对网络媒体的新思维进行了阐述，可使初学者对网页的新技术和新思维有全面的了解。

第 5 章主要介绍了移动媒体、手机 UI 和手机 UI 设计的相关概念。

本书结构紧凑，编排新颖，图文并茂，实例时尚丰富，是适合 UI 设计初学者和网页设计师学习的参考资料，也可作为高等院校艺术专业及相关专业的教材。本书由河北软件职业技术学院苗苹任主编，其负责本书的整体统筹并编写 4.2 节；由哈尔滨理工大学艺术学院张立杨任副主编，其编写第 1、2、3、5 章；由北京工业大学周宏伟任副主编，其编写 4.1 节。河北软件职业技术学院的张贝贝、韩震、霍凯莉、王淑伽参与了资料和图片的搜集，感谢他们对本书的完成给予的帮助。本书是讲解界面设计的书籍，需要分析优秀的作品，并阐述其制作步骤，有部分图片来自网络，特此说明。

由于作者水平有限，书中难免存在不足和错误之处，恳请读者批评指正。

作　者

目　录

第1章　UI概论

1.1　UI的概念

用户界面(UI,User Interface)从字面上看包括用户与界面两个组成部分,但实际上还包括用户与界面之间的交互关系,因此UI可分为3个方向,即用户研究、界面设计、交互设计。

1. 用户研究

用户研究包含两个方面:一是可用性工程学(Usability Engineering),研究如何提高产品的可用性,使得系统的设计更容易被人使用、学习和记忆;二是通过可用性工程学的研究,发掘用户的潜在需求,为技术创新提供另外的思路和方法。

用户研究是一个跨学科的专业,涉及可用性工程学、人类工效学、心理学、市场研究学、教育学、设计学等学科。用户研究站在人文学科的角度研究产品,站在用户的角度介入产品的开发和设计。

用户研究通过研究用户的工作环境、对产品的使用习惯等,使得在产品开发的前期能够把用户对产品功能的期望、对设计和外观方面的要求融入产品的开发过程中,从而帮助企业完善产品设计或者探索一个新产品的概念。用户研究是得到用户需求和反馈的途径,也是检验界面与交互设计是否合理的重要标准。

2. 界面设计

界面设计的内容包括图形、文字、色彩、编排,其作用是美化界面。界面设计需要研究用户需求和目标用户。图1-1所示为智能手机的界面设计。

界面设计工作一直没有被人们重视起来,做界面设计的人也被贬义地称为"美工"。但软件界面设计就像工业产品中的工业造型设计一样,是产品的重要卖点。一个友好美观的界面会给人带来舒适的视觉享受,拉近人与计算机的距离,为商家创造卖点。界面设计不是单纯地绘画,它需要定位使用者、使用环境、使用方式,并且为最终用户而设计,是纯粹的科学性的艺术设计。检验一个界面的标准既不是某个项目开发组领导的意见,也不是项目成员投票的结果,而是最终用户的感受,所以界面设计要和用户研究紧密结合,界面设计是一个不断为最终用户设计令其满意的视觉效果的过程。

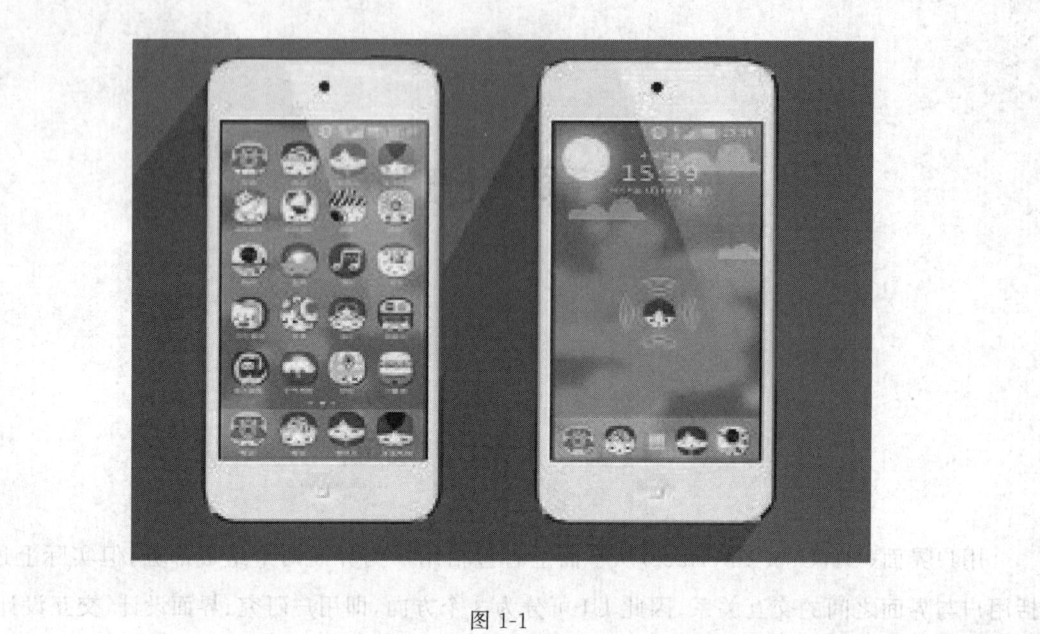

图 1-1

3. 交互设计

交互设计是指人与计算机之间的交互过程设计。交互设计曾由程序员来做,但程序员更擅长编程,而不善于与最终用户交互。所以,很多软件虽然功能比较齐全,但是交互方面设计得很粗糙,烦琐难用,学习困难。使用这样的软件后,不是使人进步,而是让人感到被愚弄与羞辱。曾经,许多人因为不会操作计算机软件而下岗失业,这样的交互使计算机成为让人恐惧的“科技怪兽”。于是我们把交互设计从程序员的工作中分离出来,使其单独成为一门学科,也就是人机交互设计。交互设计的目的在于使软件变得易用、易学、易理解,使计算机真正成为方便地为人类服务的工具,如图 1-2 所示。

图 1-2

1.2 UI的现状

UI设计随着互联网的发展在不断地更新，每一个时期或者阶段的用户需求会发生很大的变化，不论是移动端还是PC端，如果始终坚持以往的设计风格，没有新的变化，无疑会被市场淘汰，那么，未来UI设计又将有什么变化呢？

1.2.1 UI的应用媒介

1. 移动应用

各平台(Android/iOS/HTML5/Web)的标准设计语言接近一致，部分原生控件只存在风格上的差异，对用户无显著影响。

Material Design不会大行其道，更不可能逆袭(用Material Design设计的App在iOS上使用)，iOS的实用主义设计会显著影响Material Design。

桌面常见的交互形式也将更多地影响移动端，要支持iPad Pro这样的设备，iOS/Android会为了兼容桌面场景做出优化。

设计规范、平台特性将越来越受重视。图1-3所示为UI桌面设计。

图1-3

2. 语音界面

语音界面应该是广泛通用的。通过语音界面可以发送消息、查找资料、浏览信息、网上购物，用户无须动用手指就能完成各种各样的事情，相比于输入一堆关键词，用语音说出自己想要搜索的信息显得更加自然、快速。在公共场合很难使用语音进行相对私人的互动，不过和许多其他的技术一样，语音界面的交互设计会随着越来越多的用户加入而越来越智能。

3. VR 和 AR

虚拟现实（VR，Virtual Reality）头戴式设备的完善使用户得以享受到真正的沉浸式体验。增强现实（AR，Augmented Reality）技术则借助于无处不在的摄像头真正走近用户，将更强大的交互层投射到现实世界中。人们使用 VR 可以访问从未去过的城市甚至根本不存在于现实的世界。这种沉浸式的交互是全新的，不再拘泥于眼前的屏幕大小。在 VR 设备广泛普及的未来，远程体验市场潜力巨大，如图 1-4 和图 1-5 所示。

图 1-4

图 1-5

1.2.2　网页设计

新的手机 App 不一定会有对应的全功能网页，对新的应用而言，功能最齐全、最强大的一定是手机版，因为手机所能获取的信息最丰富，手机应用可以通过发通知等办法与用户更贴近，如图 1-6 所示。

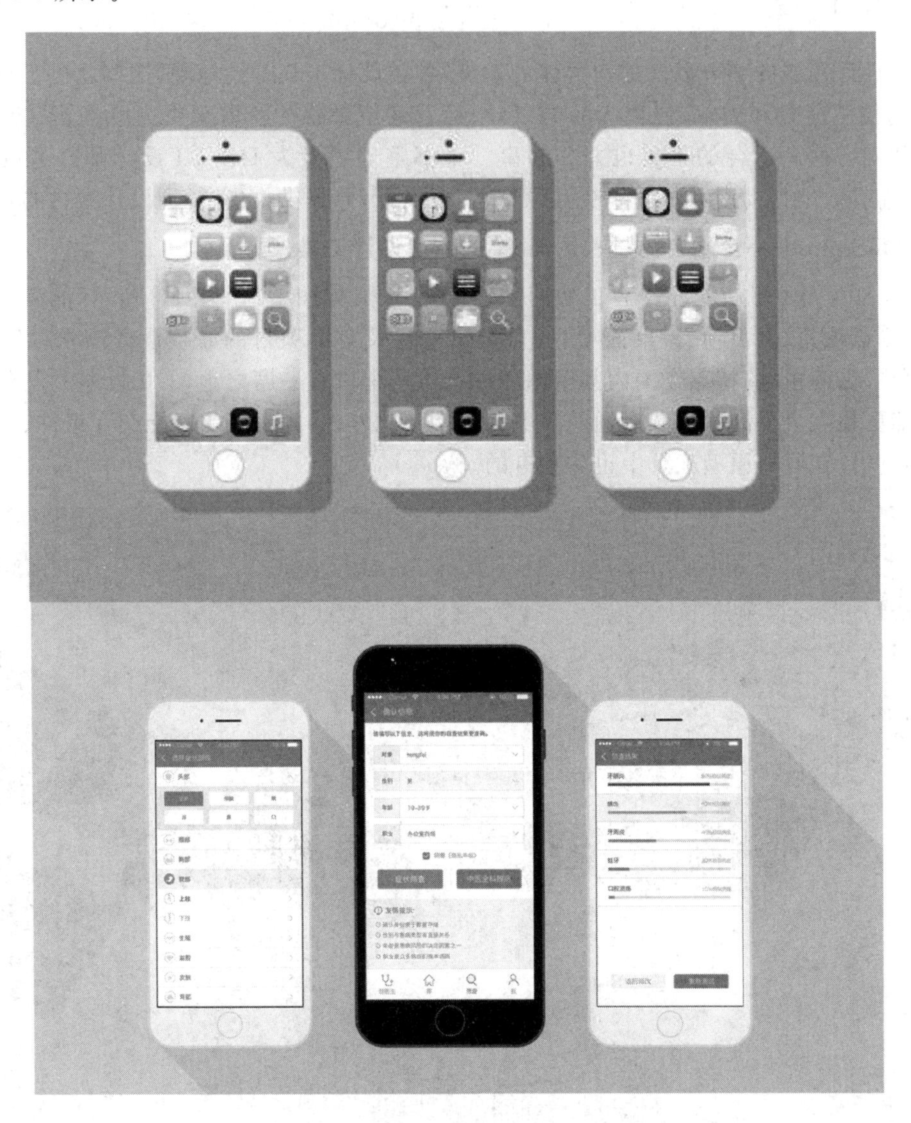

图 1-6

Web 页面只有图片的浏览功能，无法上传图片，也没有发现新用户、搜索等功能。HTML5 页面作为分享页面展示、导流的重要入口，会优先保留内容的展示和消费、二次分享的功能，也会保留最基础的应用功能，如滴滴打车的微信版。

网页版仅作为 HTML5 页面的放大和内容的扩充，很少会有 Web 的特色功能。

网页将接替原生应用，成为主要的桌面应用开发平台。随着浏览器能力的增强和开发工具的成熟，Web 开发者的数量增长很快，会有大量 Gmail/Google Docs 级别的应用没有对应的原生版。大量效果优秀、设计鲜明、交互神奇的桌面体验将来自网页端，网页端用户行为侧重于重度、创作力强的核心用户。

已有大量用户的桌面端网站因为成本高而收益有限将不再轻易改版,如果改版,则主要作为品牌扩展、设计同步的因素考虑,最小化功能层面的修改,以换皮为主。功能层面的改版将从响应式出发,以手机版、平板触摸版的设计出发,延伸到桌面端来设计。

1.2.3 设计工具

随着设计领域的细分以及用户群体的发展,各类设计工具开始涌现,这些新兴工具分别针对不同的使用情景和需求,使得产品的设计、运营甚至灵感的获取都更为顺畅、系统地完成。然而要找到一款最适合的工具也并非易事。本书整理了专为 UX/UI 设计师打造的热门工具,它们能有效地帮助设计师制作交互原型、网页设计,并提供收集、管理设计素材的功能。

1. Mockplus——全平台“更快、更简单”的原型设计工具(国产)

Mockplus 是一款支持全平台的快速原型设计工具,如图 1-7 和图 1-8 所示,能满足包括手机项目、平板项目、网页项目、桌面项目、自定义项目及自由项目的原型设计需求。Mockplus 凭借“更快、更简单”的特点在国内甚至国际原型市场中占有一席之地,3.0 版本中发布的团队协作功能更是大大提高了团队沟通的默契和效率。此外,高度封装的智能交互组件、完全可视化的交互设计在同类原型工具中也是独有的。

图 1-7

2. Figma——协作式界面设计工具

Figma 可以说是一款新兴的协作式界面设计工具,其界面布局简洁、人性化。Figma 以云端为基础,允许多人同时合作一个项目,设计稿会根据评论进行修改和实时更新。美中不足的是,Figma 对中文的支持不太好,经常会出现字体无法识别(实际已安装)的情况,此外,免费版本中只能创建 3 个项目,最多支持查看 30 天内的历史版本。

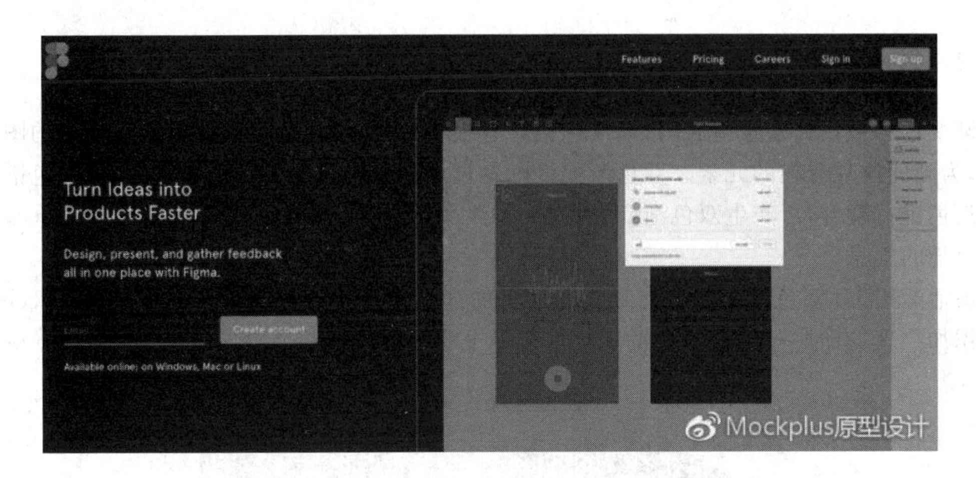

图 1-8

1.3　UI 的未来发展趋势

随着“互联网＋”的发展，UI 设计已成为集产品的操作逻辑设计、用户界面设计、交互逻辑设计、用户人群研究于一体的综合性职业，UI 设计人才业已成为目前我国信息产业中最为抢手的复合型人才之一。UI 设计观念需要不断地更新，只有紧跟潮流才能不被淘汰。下面将介绍 UI 设计发展的主要趋势。

1.3.1　微交互

围绕特定的案例，通过微妙细小的动效或者交互强化其视觉效果，通常能达到令人意想不到的效果，还能让用户感受到设计者的用心。这些微交互能够作为信号提示来提醒用户动作和任务的完成，简单而且自然，有些有趣的效果还会引发用户多次观看。图 1-9 所示为微交互设计作品。

图 1-9

1.3.2 双色调

渐变色已被设计师重新启用，渐变色设计有很多好处，设计师可以调节过度使用的图像和元素，为画面添加有趣的元素。双色渐变是渐变设计中很常见的一种设计方法，选择色谱盘上的邻近色进行糅合，可产生双色渐变，绚丽又不浮夸，简单干净的双色渐变可赋予简单的设计活泼有趣的气息。

灵活运用 UI 双色渐变配色有时能在颜色的撞击中产生各种奇异火花。质感 UI 设计并非要添加纹理，有时一点 UI 颜色的变化甚至一个小小的投影都能突出画风，如图 1-10 所示。

图 1-10

1.3.3 图文结合

随意打开一个 App，只要涉及图片排版，设计师都更喜欢用图文结合的形式来呈现，因为这样简单、节省空间。文字和图片相得益彰，文字的叠加填补了图片在画面层次上的空白，也让界面更丰富，如图 1-11 所示。

图 1-11

1.3.4 空页面趣味化

空页面的设计越来越受到设计师的重视，它变得更富趣味性，色彩也更加丰富。从作品中可以看到设计师的设计思路，即尽可能地让 App 的每一个维度都变得更有趣，如图 1-12 所示。

图 1-12

第 2 章　游戏 UI 设计概论

2.1　游戏 UI 设计

游戏 UI 设计指的是游戏软件中人机交互、操作逻辑、界面美观的整体设计。在游戏 UI 设计中，界面、图标、人物服饰的设计会随着游戏情节的变化而变化，既要突显游戏的个性品位，又要让操作更加简便、舒适，展现游戏的定位和特点。

游戏 UI 设计简单地说就是设计游戏操作界面、登录界面、游戏道具、技能标志、游戏中的小物件等。游戏 UI 设计师在整个团队中的作用是很重要的，因为其设计出的界面可以决定游戏的品质。因此，一款好的游戏离不开好的界面，而好的游戏 UI 设计师则可以为整个游戏提升档次，如图 2-1 所示。

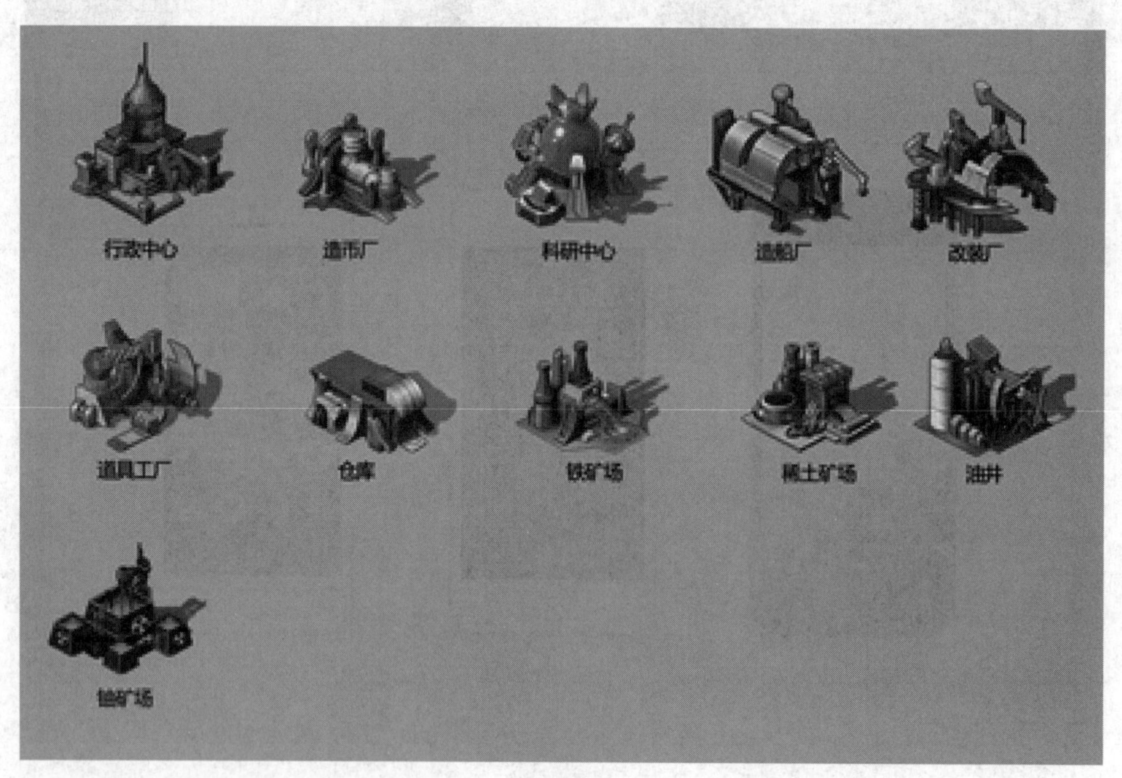

图 2-1

2.2　游戏 UI 发展趋势

游戏 UI 设计以应用 UI 为基础，主要针对游戏界面、游戏道具、图标设计、登录界面等方面，其中游戏界面又包含网页游戏、客户端界面等，形式多变。在游戏中，可以说 UI 设计无处不在。

当下正是游戏产业蓬勃发展的时期，相较于端游、页游这些只能在个人计算机(PC)上操作的固定模式，手机游戏无处不在，成为一种“生活必需品”。然而，随着审美需求的不断提升，人们对游戏的可玩性以及画面画质的要求更加严苛，如图 2-2 所示。

图 2-2

随着手机游戏市场的扩大，人们对手机游戏的需求日益增加，大量的研发团队与美术外包公司成为业界的主导，而大批量的游戏生产也促进了“游戏 UI 设计师”这个新兴职业的发展，使其成为游戏市场的最大需求。

2.3　游戏 UI 的实用设计

2.3.1　实用性将成为设计的重点

在做游戏 App 的设计时，我们并不需要重新设计很多熟悉的界面样式(如登录、设置列表等)或者一些经过无数次使用被证明很好用的游戏 UI 结构，如图 2-3 所示，而应该将重点放在能不能以更有效的方式解决某个问题上。

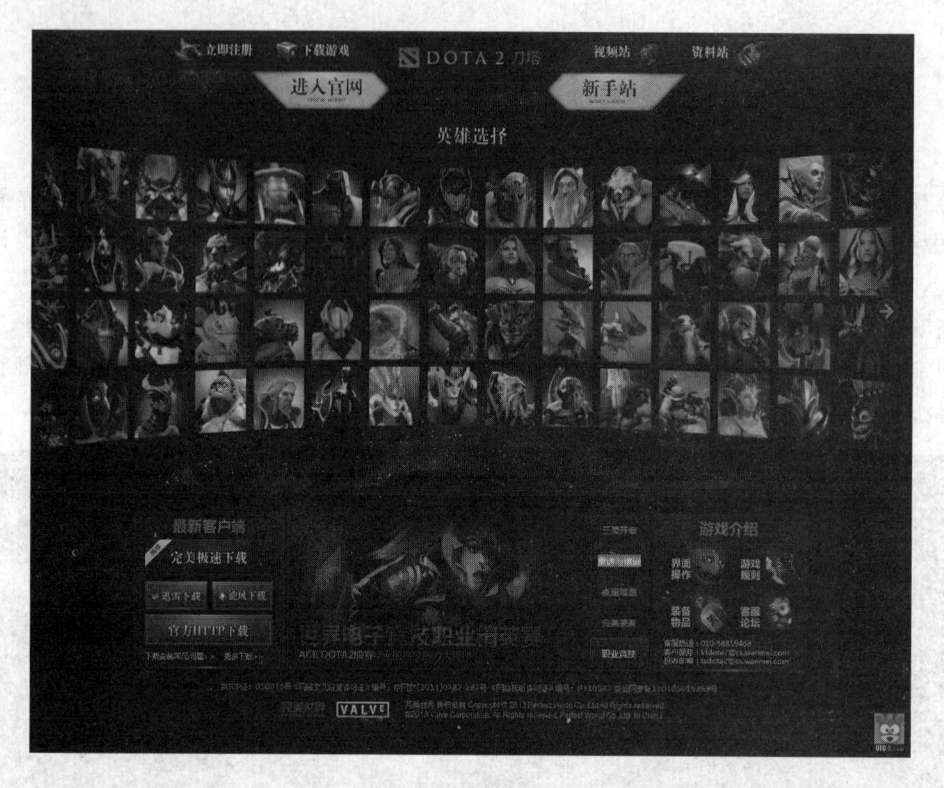

图 2-3

2.3.2 微交互引领设计细节

微交互这个概念在几年前就被提出来了，微交互并不是在小范围内受到限制的交互，而是细微的、细节的、人性化的交互，如图 2-4～图 2-7 所示。

图 2-4

图 2-5

图 2-6

图 2-7

2.3.3 多终端呈现

目前，移动端的使用率是 PC 端的两倍以上，而且移动端能够占用用户的大部分碎片时间，所以要对移动设备进行优先选择，响应式设计可以多终端适配，同时适配 PC 端和移动端，如图 2-8～图 2-10 所示。

图 2-8　　图 2-9

图 2-10

2.3.4　高清大图与短视频形式更加流行

随着 4G 网络、WiFi 成本的降低以及设备在市场上的普及，高清大图与短视频在未来可能成为更加主流的形式。在一些需要展现大量细节或者希望内容更生动的地方可以运用短视频或者 GIF 格式的图片，这样能够更精准地戳中用户喜好点。图 2-11 所示为游戏界面的高清大图，图 2-12 所示为视频软件的界面。

图 2-11

图 2-12

2.3.5 颜色、字体和质感更加流行

当下的视觉方案已经突破了扁平化的桎梏，如大号字体、强烈对比、细致的阴影等。针对审美疲劳，我们需要寻找下一个突破口，帮助用户走出信息过载的挣扎，这是对视觉设计、排版、字体研究等工作的真正考验，如图 2-13 所示。

图 2-13

2.3.6 对话式游戏 UI

每个界面的本质都是对话。换个角度来审视现在的游戏 UI，可以发现本质上它们就是用户和机器之间的对话，如图 2-14 所示。对企业和品牌而言，自动而智能化的对话体验有许多值得探索的维度，拥有许多可能性。

图 2-14

2.3.7　虚拟现实的实现

VR 技术是一种可以创建和让人体验虚拟世界的计算机仿真系统，它利用计算机生成一种模拟环境，是一种多元信息融合的、交互式的三维动态视景和实体行为的系统仿真，可使用户沉浸到该模拟环境中，如图 2-15 所示。

图 2-15

AR 技术是一种实时地计算摄影机影像的位置及角度并加上相应的图像、视频、3D 游戏模型的技术，这种技术的目标是在屏幕上把虚拟世界套在现实世界并进行互动。

混合现实(MR，Mixed Reality)是 Magic Leap 最新的科技，MR 制造的虚拟景象可以进入现实的生活中，同时能够被人们认识，例如，通过设备，人们可以测量出眼睛看到的现实生活中的物体的尺寸和方位，其最大的特点在于虚拟世界和现实世界可以互动，如图 2-16 所示。

图 2-16

当虚拟现实全面推广的时候，人们将拥有一种全新的体验，那么游戏的发展也将呈现出一种飞速变化的趋势，游戏 UI 设计的人才会大量稀缺，而资深的游戏 UI 设计师便会走在最前方。

2.3.8 游戏 UI 设计师需要学习什么

要成为游戏 UI 设计师，不仅要有很好的 UI 设计功底，还要了解用户心理，重视用户体验。游戏 UI 设计师必须学习的课程包括以下内容。

GUI 设计基础：Photoshop 软件应用、Illustrator 软件应用、平面设计的理论和知识。

网页 UI 设计：网页的设计布局和配色、门户网站的页面设计、电子商务网站的页面设计、企业网站的页面设计。

软件 UI 设计：PC 端应用界面设计、iOS 应用界面设计、Android 应用界面设计、WindowsPhone 应用界面设计。

UED 概述：UE、UI、IxD 的基本概念，用户体验的基本原则，用户体验案例分析，Axure RP 原型设计软件应用。

游戏 UI 设计：游戏 UI 概述，游戏按钮设计，游戏 ICON 设计，游戏框架、界面设计，移动端游戏 UI 设计。游戏 UI 设计是一个系统名称，其包括 GUI、UE、ID 三大部分，核心思想是图形用户界面和用户体验，如图 2-17 所示。

图 2-17

2.4　游戏 UI 设计师的职业发展

2.4.1　职业发展

游戏 UI 设计师的职位晋升之路与其他游戏美术岗位的相同，入行时都要从普通美术职员做起，在最少跟完一个完整项目，熟练掌握游戏 UI 各个模块工作并保证质量后，可晋升为主 UI。游戏 UI 设计师在具备一项自己的专精技术，同时对美术部门其他职位的工作比较了解，并有一定的初级管理经验后，可晋升为主美。

游戏 UI 设计师的竞争力分析如图 2-18 所示。

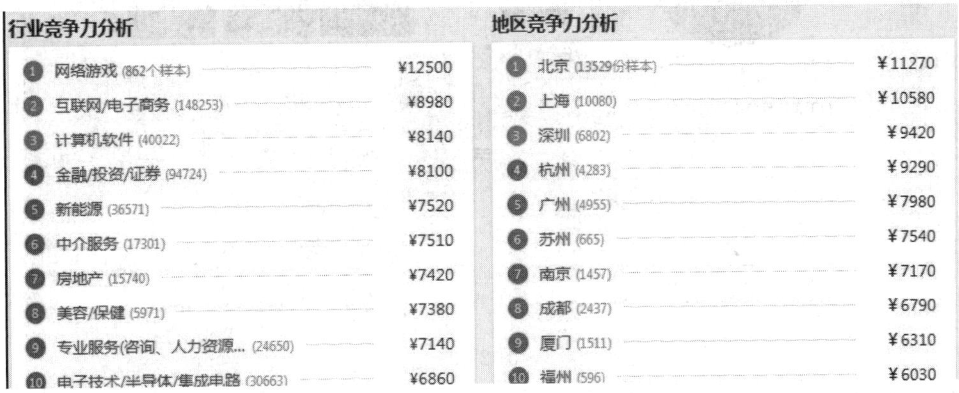

行业竞争力分析	
1 网络游戏 (862个样本)	¥12500
2 互联网/电子商务 (148253)	¥8980
3 计算机软件 (40022)	¥8140
4 金融/投资/证券 (94724)	¥8100
5 新能源 (36571)	¥7520
6 中介服务 (17301)	¥7510
7 房地产 (15740)	¥7420
8 美容/保健 (5971)	¥7380
9 专业服务(咨询、人力资源... (24650)	¥7140
10 电子技术/半导体/集成电路 (30663)	¥6860

地区竞争力分析	
1 北京 (13529份样本)	¥11270
2 上海 (10080)	¥10580
3 深圳 (6802)	¥9420
4 杭州 (4283)	¥9290
5 广州 (4955)	¥7980
6 苏州 (665)	¥7540
7 南京 (1457)	¥7170
8 成都 (2437)	¥6790
9 厦门 (1511)	¥6310
10 福州 (596)	¥6030

图 2-18

2.4.2　游戏 UI 设计师的工作内容

简单来说，游戏 UI 设计师就是制作游戏中的图标与界面并把控交互设计的职位，但这样说并不准确，因为游戏 UI 除包含图标、界面与交互设计外，还包含游戏 LOGO 与游戏推广图等其他元素。或者说，在美术组里，除游戏原画、游戏动效、游戏 3D、游戏美术宣传外的美术工作都是游戏 UI 设计师的工作内容。游戏 UI 设计师在带领美术团队做过至少一个成功、出名的项目，具有比较娴熟的团队管理能力，知道如何组建团队、提升团队能力和制订团队工作计划后，可晋升为美术总监(管理方向)。游戏 UI 设计师在成为业内知名艺术家后，可担任艺术指导(技术方向)。游戏 UI 设计师在圈内具有广泛的人脉和商务能力后，可进一步晋升或自立门户。

游戏 UI 设计师的基本薪水情况是：游戏 UI 新人的税前月薪为 8 000～15 000 元，如图 2-19 所示，游戏主 UI 的税前月薪为 15 000～25 000 元，游戏主美的税前月薪为 25 000～35 000 元，游戏美术总监或艺术指导的税前月薪无法预估，与公司的效益有关。福利包括五险一金、饭补、零食、季度奖、年终奖、项目奖、带薪年假、生日礼品、假日福利。活动包括分享交流、公司团建、项目组团建、同类工种团建、公司精英团建(以大公司为例)。

在实际工作中，由于游戏 UI 设计师的工作量太大，一般会划分为 3 个工作方向。图标 UI：负责游戏图标类的内容制作(一些初创型小公司或小项目组为了节省人力资源，一般会将游戏图标制作外包)。界面 UI:负责制作游戏中具有良好 UE 体验的游戏界面与其他散件(如 LOGO)。辅助 UI:辅助主 UI 工作,在主 UI 制作完游戏中主要的游戏图标、游戏 UI 散件、游戏界面和 UE 交互设计后,帮助其完成一些次级的游戏图标、游戏 UI 散件、游戏界面和 UE 交互设计。一名合格的游戏 UI 设计师需要掌握 3 种职位中涉及的所有技能,不过大多数游戏 UI 设计师在公司内基本上在做游戏界面 UI 方向的工作,游戏图标 UI 的工作很多是外包或由原画师完成的(因为大多数游戏 UI 设计师的手绘能力不如原画师)。

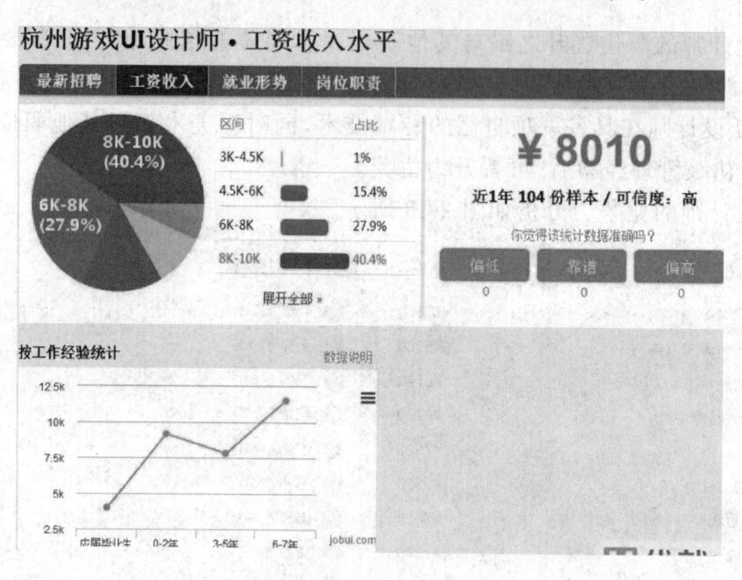

图 2-19

游戏 UI 的组成元素包括:图标(物品图标、技能图标、功能图标、装备图标、头像、徽章、ICON)、LOGO、文字、界面(界面装饰、版头)、按钮、Banner,如图 2-20 所示。

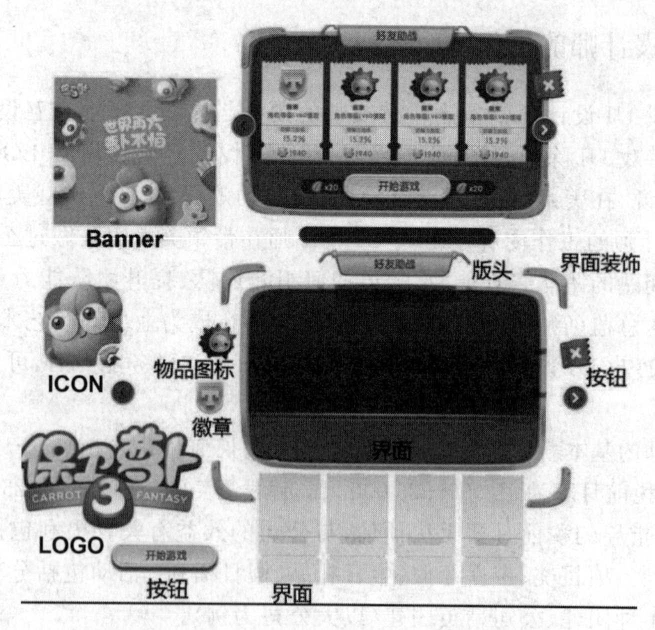

图 2-20

2.5　游戏 UI 与应用 UI 的不同

游戏 UI 是 UI 的一个分支，游戏 UI 和应用 UI 可应用在各种平台上，如 PC 端、移动端、其他设备（线下物料、场地、车载计算机和游戏主机等）。

1. 制作理念不同

应用 UI 是注重平静的界面设计。游戏 UI 是注重沉浸的界面设计。

2. 用途不同

应用 UI 是用来做微信、支付宝、时钟和电话等功能性内容界面的。游戏 UI 是用来做“斗地主”和“开心消消乐”等娱乐性内容界面的。

3. 工作不同

应用 UI 的就业岗位是移动互联网时代的高级平面设计师，其就业范围比普通平面设计师的就业范围更广，应用 UI 设计师除需要具备普通平面设计师的能力外，还要有动效、产品、交互（UED）、用户增长（UGD）、网页、插画、运营、H5 等方面的工作能力，需要非常全面的工作技能。

游戏 UI 属于技能专精行业，非常注重手绘能力，还注重交互设计师的交互能力和把控整体游戏美术的能力，属于美术部门中的一个“黏合剂”职位，是必不可少的。游戏 UI 设计师平时的工作是将原画部门的原画资源整合，配上游戏界面、图标、静态特效与 UE 交互，制作出一套完整的静态游戏画面（能力强的游戏 UI 设计师需具备原画手绘能力，如可以制作一些场景式界面），需要好看又好用，然后将整体效果图与拆分出来的游戏 UI 元素发到程序组进行制作，将拆分出来的静态特效交给特效组实现（或者描述给特效组，让特效组实现），将需要动画的地方描述给动画组，让动画组实现动画效果。

4. 学习内容不同

应用 UI 需要学习的软件有很多，如 Photoshop、Sketch、AI、Principle、Axure、AE、Pixate、墨刀、Keynote、Sketch UP、C4D 等，在工作中手绘用得不多，但由于入行的人越来越多，导致各大公司都需要全能型应用 UI 设计师，掌握的技能越多、手绘能力越突出，越有竞争力。应用 UI 设计师在工作中设计的内容偏多。

游戏 UI 需要学习的软件有 Photoshop，资深游戏 UI 设计师还需要有画原画的能力，有时需要帮助其他部门做一些动效或 Unity 3D 的 UI 部分工作（不是本职工作，需要的时候会有程序员教）。游戏 UI 设计师平时会经常用到手绘来制作游戏 UI 内容，学习广度没有那么大，比较单一，基本上无须学习新软件，追求技术专精，在工作中手绘的内容偏多。

5. 就业行情不同

在校大学生如果有一份专业的设计师简历，则在毕业前通过校园招聘实习进入名企是一件很轻松的事情，因为其竞争对手是同龄的学生。已经毕业的设计师只能通过社会招聘与各个年龄段的人竞争，进大公司会更困难一些。

（1）应用 UI

2014—2016 年移动互联网刚刚兴起，凡是早早与移动互联网接轨的企业都得到了大量的好处，导致所有企业争先效仿，就业机会多，薪水高，也造成从业人员很多。但任何行业都会从混乱到规范，随着时间的变化，初级应用 UI 设计师、技能单一的 UI 设计师与手绘能力弱的 UI 设计师将难以就业或容易被淘汰。

虽然如此，国内想要加入移动互联网来强大自己的实体企业还是很多，所以应用 UI 职位的人才需求量依旧巨大。由于近几年大家都在争抢人才，薪水一时间被拉得虚高，因此目前平均薪水依旧很高。唯一变化的是在人才选拔方面，对 UI 设计师综合能力的要求越来越苛刻，尤其是手绘能力。

(2) 游戏 UI

相对于需要绘画能力的游戏美术职位，游戏 UI 是容易入行的职位，有一份包含质量较好的项目界面、图标、交互的简历即可。入行后长时间的手绘经验积累使设计师可以很轻松地转行做其他美术工作，并在手绘方面胜人一筹，不容易被淘汰，如图 2-21 所示。

图 2-21

国内游戏行业在 2011 年以前一直是以客户端游戏为主、网页游戏为辅的。由于智能手机的普及，自 2011 年开始国内游戏公司快速转型开发移动端游戏，带动大量的客户端与网页游戏开发人员向移动端游戏转型。起初因为移动端游戏技术简单，所以大多数开发者转型比较顺利，但大量缺少以前从来不被重视的游戏 UI 设计师。缺少的原因有很多：以前游戏 UI 设计师本来就非常少；从大屏幕转变到小屏幕，游戏 UI 中出现了大家都不懂的技术——游戏交互；很多人认为只要会画原画就能做 UI，或者认为游戏 UI 只是画图标、做界面（高级游戏 UI 设计师需要会画原画，能绘制场景式界面，能制作超高精度的徽章、图标和界面内的角色，能制作动效，即一个人能做所有美术工作）；一些想入行的外行人认为游戏美术相关职位需要很强的手绘能力而不敢入行（其实游戏 UI 在入行时不需要很强的手绘能力）；行业内其他美术职位人员因为工作已固定而不想转行做游戏 UI，造成职位大量空缺。

第3章　浏览器元素设计

3.1　构　　图

构图的基本形式可以分为三大类:对称构图、不对称构图。

3.1.1　对称构图

在对称构图中,视觉形象的各组成部分是对称安排的,各部分可以沿中轴线划分为完全相等的两部分,如图 3-1 和图 3-2 所示。

图 3-1

图 3-2

3.1.2　不对称构图

我们可以认为不对称构图是一种不匀称状态,这种构图由于不同视觉形象的对比而产生相互对抗的力,处于视觉上的不平衡状态。我们可以把握和运用这种不平衡特性来获得一种预期的视觉效果,并将其传达给受众,如图 3-3 所示。对称构图总是表现出静止、稳定、典雅、严峻、冷漠,有时会显得刻板或千篇一律。

图 3-3

3.2 动画运动规律

研究动画运动规律是指研究时间、空间、张数、速度的概念及彼此间的相互关系,从而处理好动画中动作的节奏的规律。

当物体在运动中改变速度和方向时,就会形成曲线运动。曲线运动是区别于直线运动的一种运动规律。动画中的曲线运动能使人物、动物的动作以及自然形态的运动曲线更为柔和、圆滑、优美、和谐,更富有旋律感,有助于表现各种细长、舒缓、柔软以及富有韧性和弹性的物体的质感,如图 3-4~图 3-6 所示。

图 3-4

图 3-5

图 3-6

曲线运动有 3 种形态,即弧形曲线运动、波形曲线运动、"S"形曲线运动。

3.2.1 弧形曲线运动

抛物线属于弧形曲线运动,如图 3-7 和图 3-8 所示。例如,球体在运动过程中由于受到各种力的作用,其运动轨迹(运动轨迹是指物体运动时所通过的路径)呈弧形的抛物线状态。

另一种弧形曲线运动是指某些物体的一端固定在一个位置上,当它受到力的作用时,其运动路线是弧形的曲线。

图 3-7

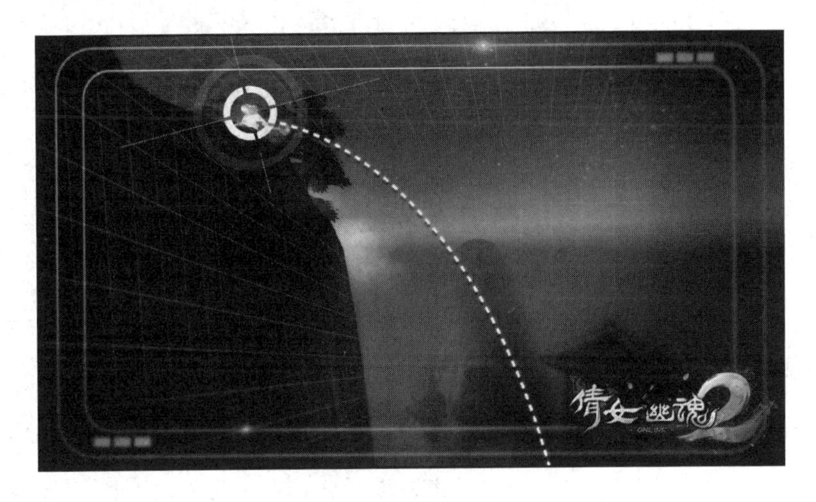

图 3-8

3.2.2　波形曲线运动

比较柔软的物体在受到力的作用时，其运动路线呈波形，称其为波形曲线运动，如图 3-9～图 3-20 所示。在物理学中，把振动的传播过程称为波。

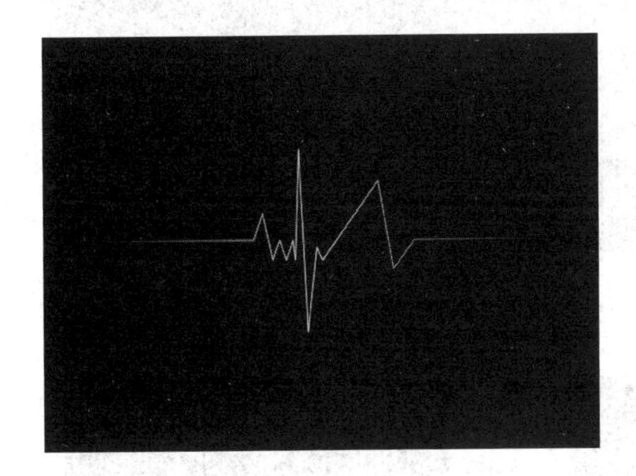

图 3-9

图 3-10

图 3-11

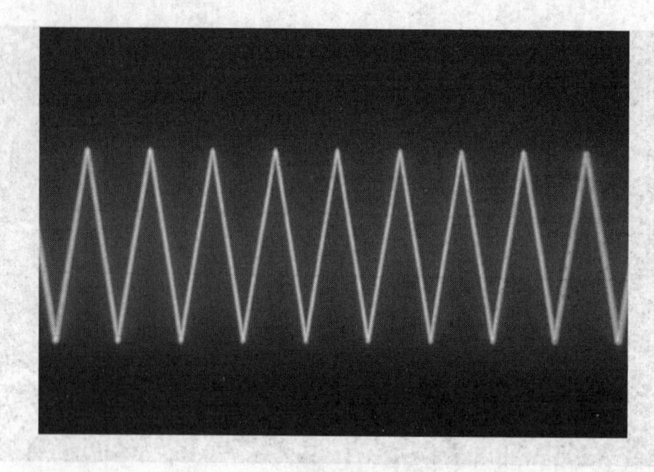

图 3-12

图 3-13

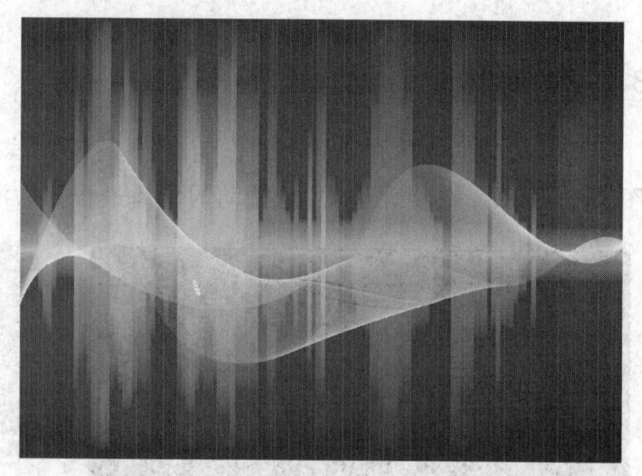

图 3-14

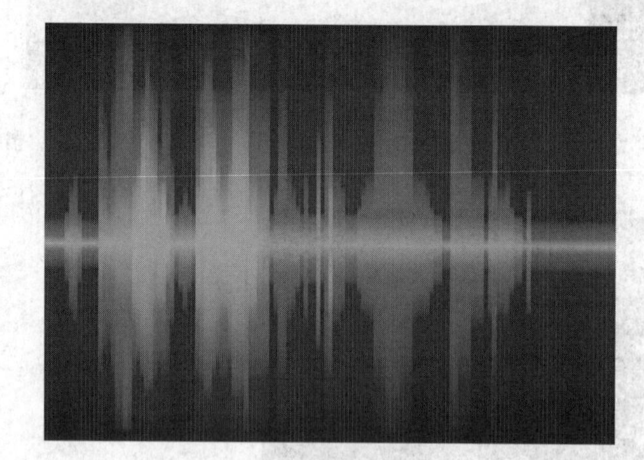

图 3-15

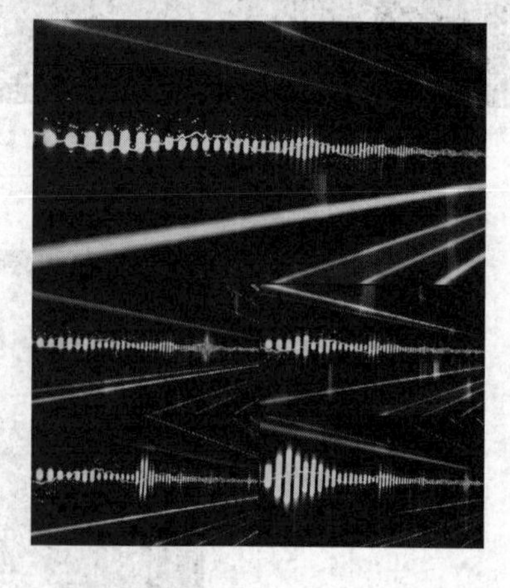

图 3-16

图 3-17

图 3-18

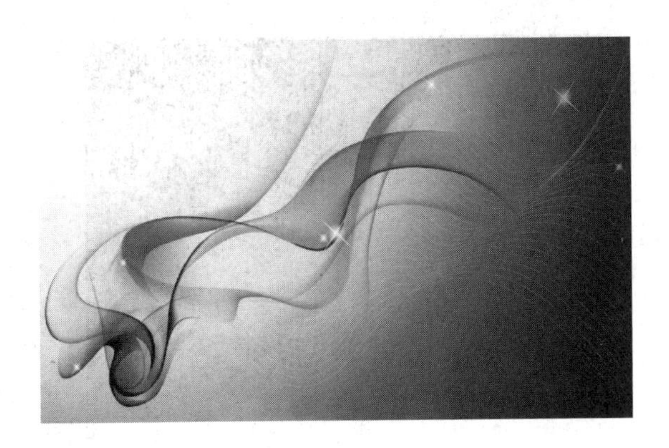

图 3-19

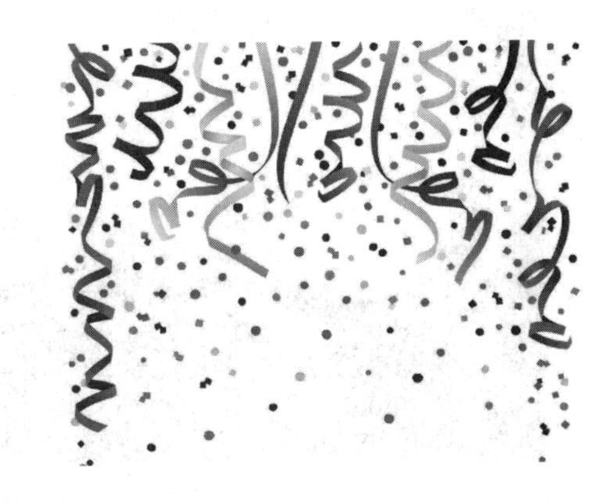

图 3-20

在表现波形曲线运动时，必须注意顺着力的方向一波接一波地顺序推进，不可中途改变。同时应注意速度的变化，使动作顺畅圆滑，体现有节奏的韵律感，波形的大小也应有所变化，才不致显得呆板。

此外，细长的物体在进行波形曲线运动时，其尾端质点的运动路线往往是"S"形曲线，而不是弧形曲线，如图 3-21～图 3-26 所示。

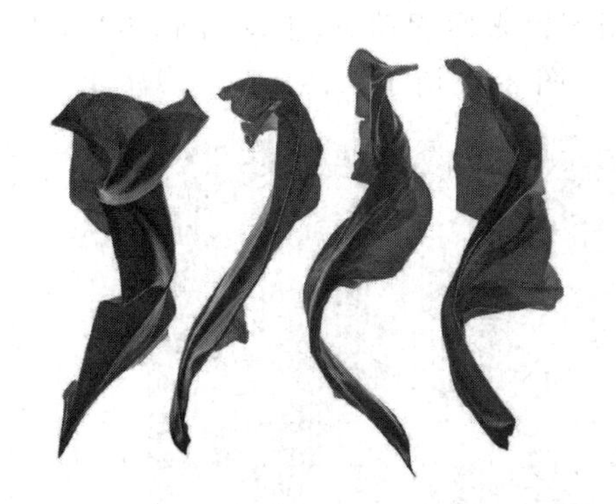

图 3-21

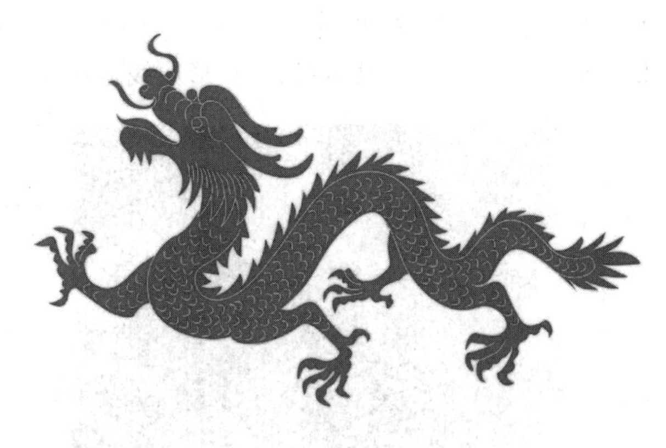

图 3-22

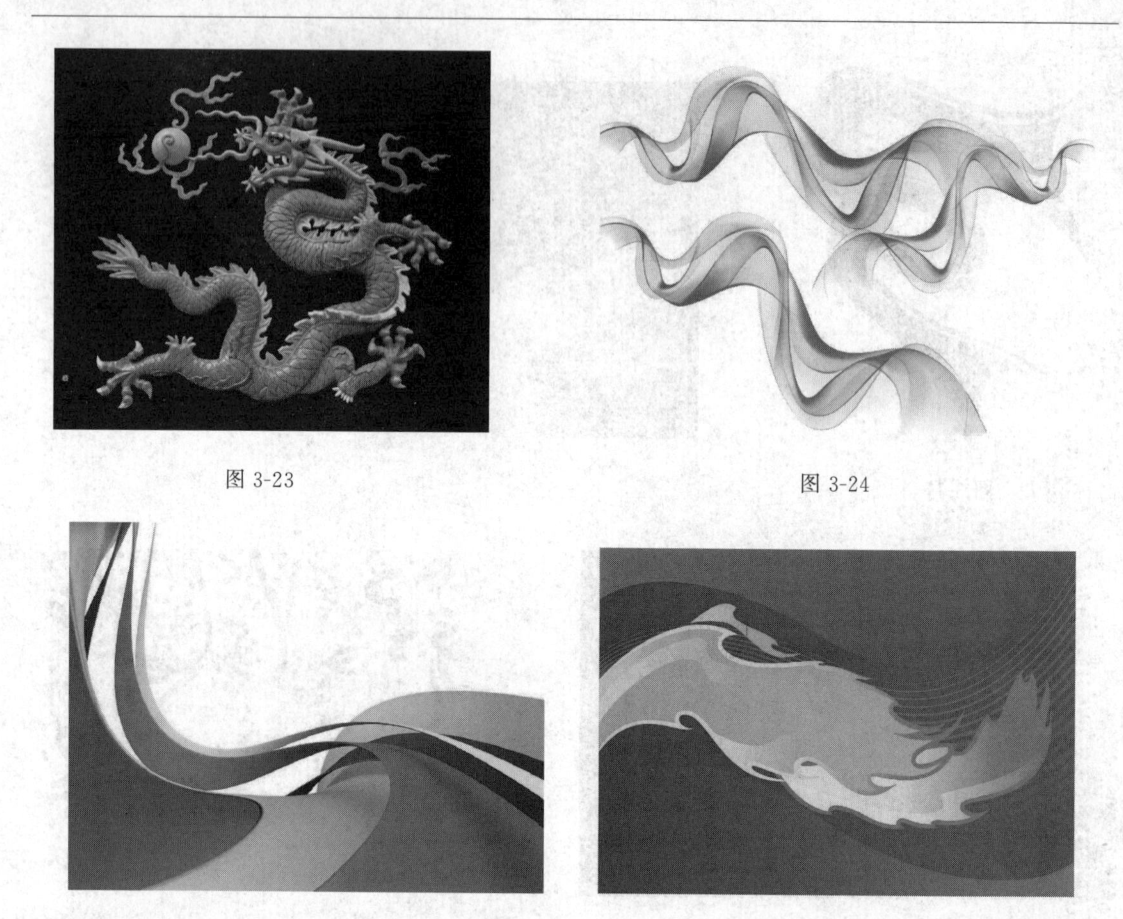

图 3-23

图 3-24

图 3-25

图 3-26

3.2.3 "S"形曲线运动

"S"形曲线运动的特点:一是物体本身在运动中呈"S"形,二是其尾端质点的运动路线也呈"S"形。

最典型的"S"形曲线运动是动物(如松鼠、马、猫、虎等)的长尾巴在甩动时所呈现的运动,尾巴甩过去是一个"S"形,甩过来是一个相反的"S"形,当尾巴来回摆动时,正反两个"S"形就连接成一个"8"字形运动路线。"S"形曲线运动如图 3-27～图 3-30 所示。

图 3-27

图 3-28

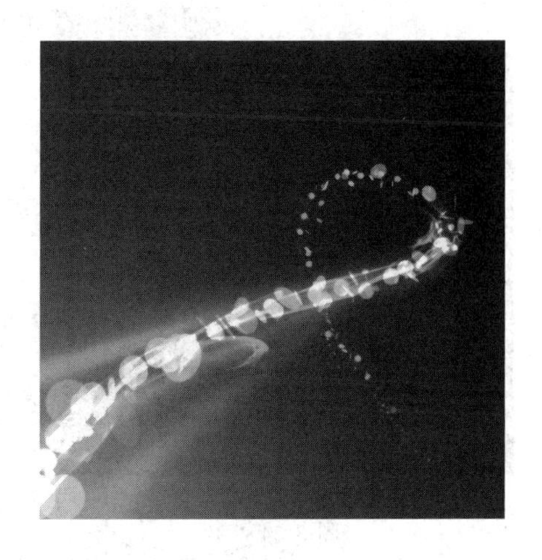

图 3-29

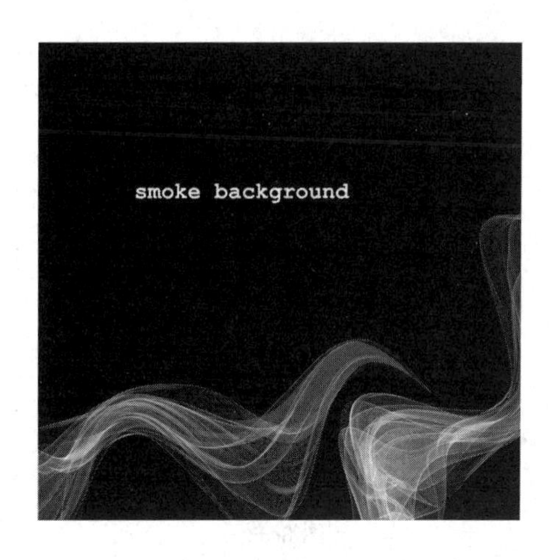

图 3-30

此外，还有一种螺旋形的曲线运动，如体操运动员手中旋转挥舞的彩绸。我们在理解了这些基本规律以后，必须在实际工作中加以组合和变化，并灵活运用，才能获得生动逼真的效果。

以上所讲的只是曲线运动中的一些基本规律。在实际工作中，常常会遇到一些运动路线比较复杂的物体，其既有波形曲线运动，又有“S”形或螺旋形曲线运动。例如，旗帜或绸带迎风飘扬是波形曲线运动；龙在空中飞舞、金鱼尾巴在水中摆动都是比较复杂的曲线运动。

3.3　平面设计元素

3.3.1　概念元素

概念元素是指那些不实际存在的、不可见的，但人们的意识能感觉到的视觉语言，例如，我们看到尖角的图形时感觉上面有点，感觉物体的轮廓上有边缘线。概念元素包括点、线、面，如图 3-31～图 3-36 所示。

图 3-31

图 3-32

图 3-33

图 3-34

图 3-35

图 3-36

3.3.2 视觉元素

概念元素不在实际的设计中加以体现将是没有意义的。概念元素通常是通过视觉元素体现的,视觉元素包括图形的大小、形状、色彩等,如图 3-37～图 3-53 所示。

图 3-37　　图 3-38

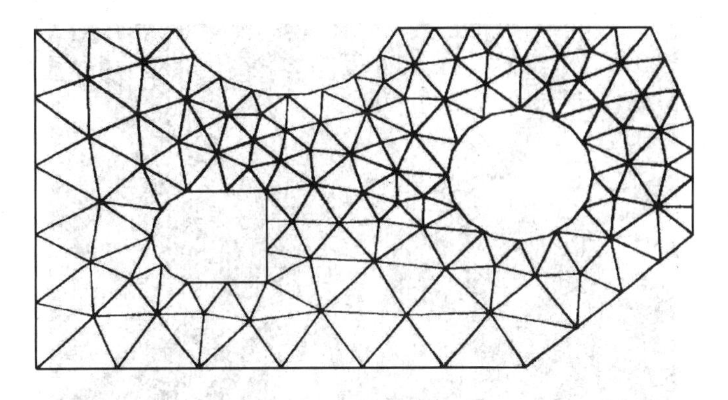

图 3-39

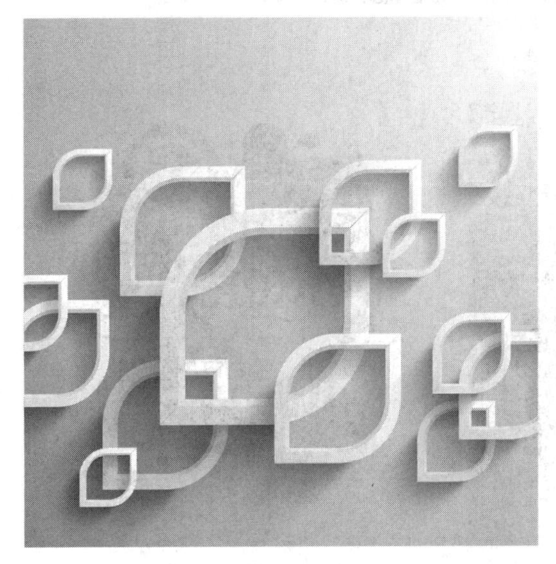

图 3-40

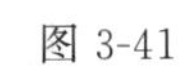

图 3-41

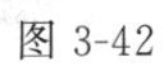

图 3-42

图 3-43

图 3-44

图 3-45

图 3-46

图 3-47

图 3-48

图 3-49

图 3-50

图 3-51

图 3-52

图 3-53

3.3.3 实用元素

实用元素是指设计所表达的含义、内容以及设计的目的、功能，如图 3-54～图 3-57 所示。

图 3-54

图 3-55

图 3-56

图 3-57

3.4 播放器 UI 赏析

在网页设计/UI 设计中，细节的力量有着无穷的魅力，很多时候 UI 动态细节就是一种描述不出来的颜色、一些 1 像素的高光或者一种质感。

1. 宽大的背景面板

如图 3-58 所示，播放器 UI 设计中宽大的面板让设计方案有一种“一整块”的感觉，好像一个简单的遥控器，玻璃质感、高饱和度的颜色让重要的控制按钮变得醒目，音量调节界面的设计很有特点。

2. 金属的、拉丝的质感

如图 3-59 所示，播放器 UI 设计中的控制条背景有一种金属般的拉丝质感，进度条的滑动按钮也是金属的质感，底部的 1 像素高光让边缘有了凸出的感觉，播放进度条中间更深层次的 1 像素的凹陷给设计添加了更丰富的细节。

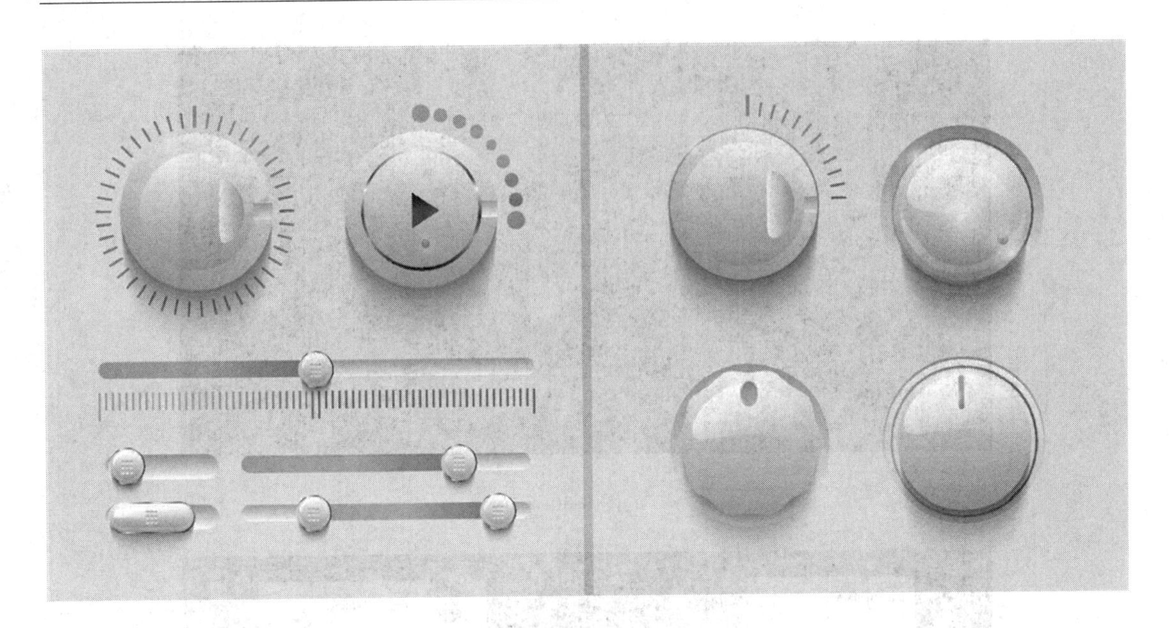

图 3-58

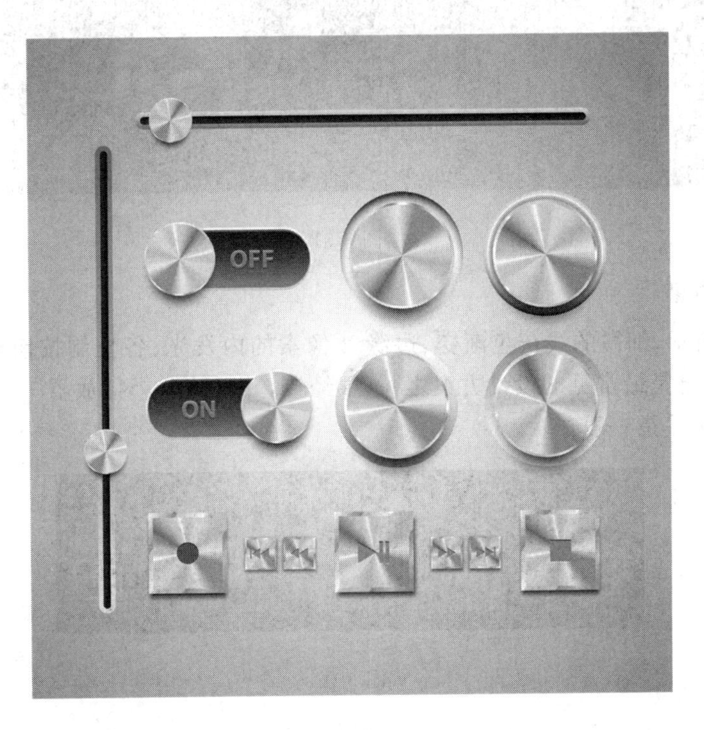

图 3-59

3. 浓郁的黑色

如图 3-60 所示，浓得化不开的黑色是这个设计给人的直观感受，面板顶部凹陷的刻痕给人以厚重、实在的感受。这一设计方案让我们看到了控制按钮不同的组合方式。

4. 清爽的味道

如图 3-61 所示，半透明的播放器 UI 背景设计赋予了这个播放器清爽的味道。

图 3-60

图 3-61

5. 锋利的边缘

如图 3-62 所示，细微的浅灰色渐变、边缘 2 像素的内发光、各控制按钮内的阴影、1 像素的边缘高光的组合是最常见的设计方案之一，很经典，并且让这个播放器 UI 设计看上去边缘锋利，仿佛能划破手指一般。

图 3-62

6. 轻快

如图 3-63 所示，该设计将黑色控制条背景调整到半透明状态，各控制按钮也没有添加更多的图层样式，鼠标在离开画面时就消失，看上去简单轻快。

图 3-63

7. 遥控器

如图 3-64 所示，该设计玻璃般光亮的控制条背景、较粗的线条描边、各控制按钮添加的 1 像素 的深色描边能使人联想到耳机上的线控装置。

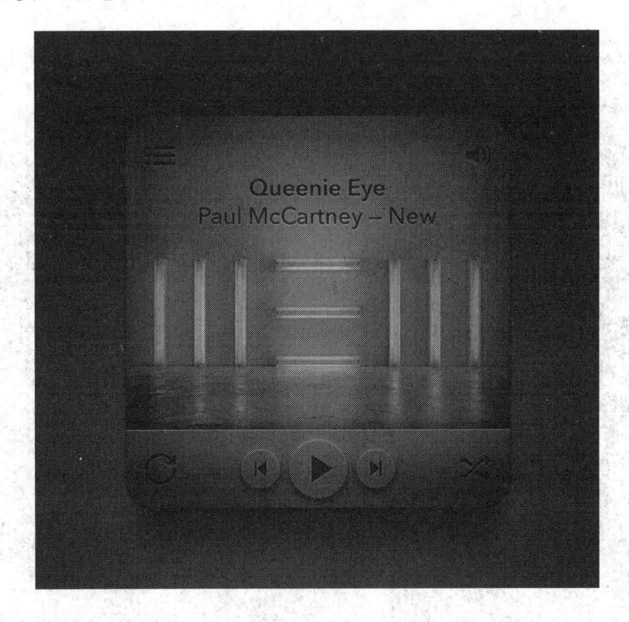

图 3-64

8. 清晰明了

如图 3-65 所示，该设计所有元素周围都有深色的 1 像素描边和细微的内发光效果，高光、描边、发光效果都控制在 1 像素之内，是直角设计，并且添加了杂色的材质，让整个控制条看上去不是光溜溜的，而是清晰、明了、硬朗、有质感的。

图 3-65

9. 杂色质感

如图 3-66 所示，从技术上看，这个风格和图 3-58 所示的设计方案的风格差别不大，但是这个播放器的背景添加了一定数量的杂色，让表面有从光滑变为粗糙的质感。

图 3-66

第4章　网络媒体

4.1　网页的应用

4.1.1　网络与网页概论

1. 网站及网页设计

网站的最基本单位是人机交互界面，一般由文字和图片构成，较复杂的网页还包括声音、图像、动画等多媒体内容，网页通常是 HTML 格式（文件扩展名为 html、htm、asp、aspx、php、jsp 等）。网页艺术设计是网页设计者以所处时代所能获取的技术和艺术经验为基础，依照设计目的和要求自觉地对网页的构成元素进行艺术规划的创造性思维活动。

网页设计急速发展，快餐式文化使得网页设计在不断地尝试更新的设计理念，带给用户更多的新鲜感。在过去的一段时间，网页设计的十大新趋势得以确定。在当前形势下，设计者会发现，审查每个趋势都有更加具体的举例，从而带给设计者更多灵感，激发设计者的下一个项目。20 世纪 70 年代以来，互联网技术和多媒体技术的迅速发展给世界带来了一次信息变革，信息传递的过程变得越来越多样化，使我们对世界的了解更方便、快捷。近年来，我国网络发展得非常快，网站数量成倍地增长，然而网页设计形势却不容乐观。除了一些大的专业网站在版面的编排上比较符合视觉认知规律外，很少见到其他界面设计考究、平面设计创意鲜明的中文网站，这是因为网页设计没有与平面设计紧密地结合。互联网上的网页设计和插画明显有别于传统信息传递形式，不再单一，变得更丰富、灵活。

随着全球互联网经济风暴的到来，越来越多的企业、政府、媒体、学校、个人等建设了网站，并开始注重网站设计的风格和信息内容更新的动态时效性。行业性、企业性的 B2B、B2C 型的电子商务网站的出现，使得网页设计更加强调实用、美观、创意、互动性。现在，更多网站在策划初期就已经把网页设计作为网站规划、构建的重要部分，设计精美、制作优良、服务到位的网站才能吸引人们的眼球。

网页设计是数码艺术中的一个重要门类。互联网由成千上万的网站组成，而每个网站都由诸多网页构成，因此网页是构成互联网的基本元素。随着互联网的发展，网页设计越来越趋近于一门艺术而不仅仅是一项技术，它是技术与艺术的高度统一，如图 4-1～图 4-3 所示。

HYANGHEE.COM – 4 Layout
HYANGHEEDATCOM

图 4-1

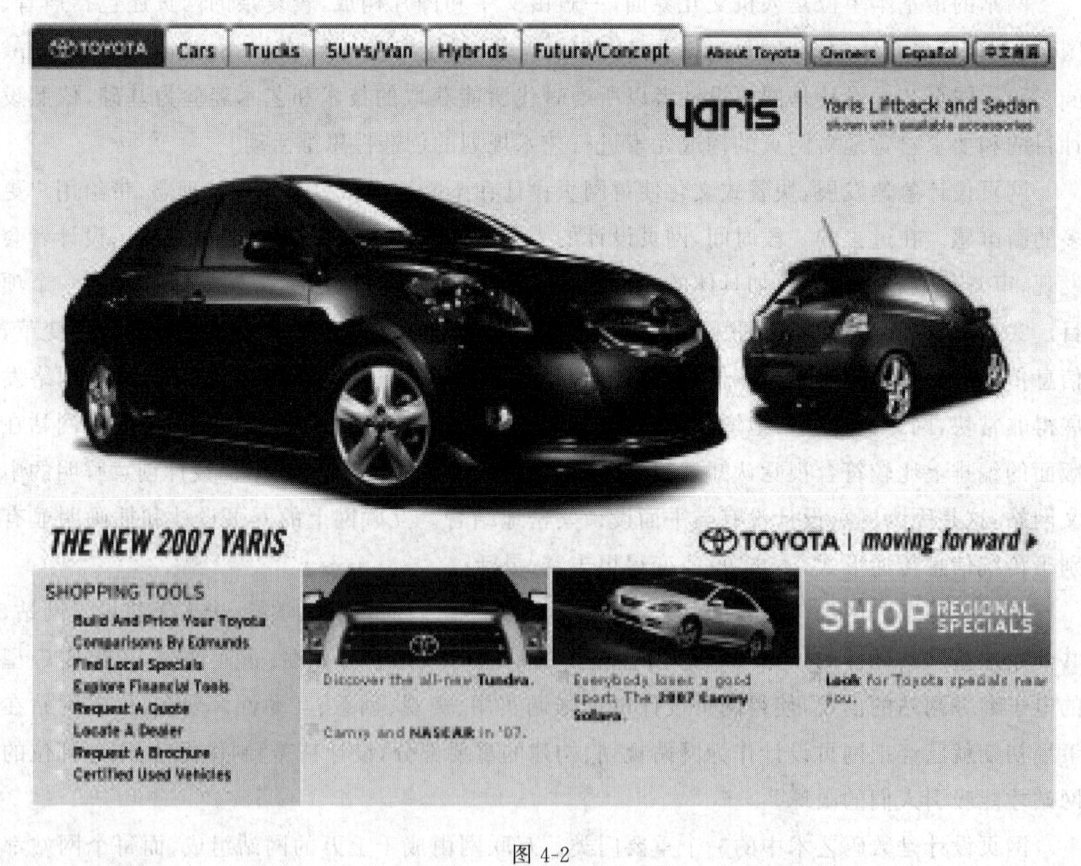
TOYOTA
Cars
Trucks
SUVs/Van
Hybrids
Future/Concept
About Toyota
Owners
Español
yaris
Yaris Liftback and Sedan
shown with available accessories
THE NEW 2007 YARIS
TOYOTA | moving forward
SHOPPING TOOLS
Build And Price Your Toyota
Comparisons By Edmunds
Find Local Specials
Explore Financial Tools
Request A Quote
Locate A Dealer
Request A Brochure
Certified Used Vehicles
Discover the all-new Tundra.
Camry and NASCAR in '07.
Everybody loves a good sport. The 2007 Camry Solara.
SHOP REGIONAL SPECIALS
Look for Toyota specials near you.

图 4-2

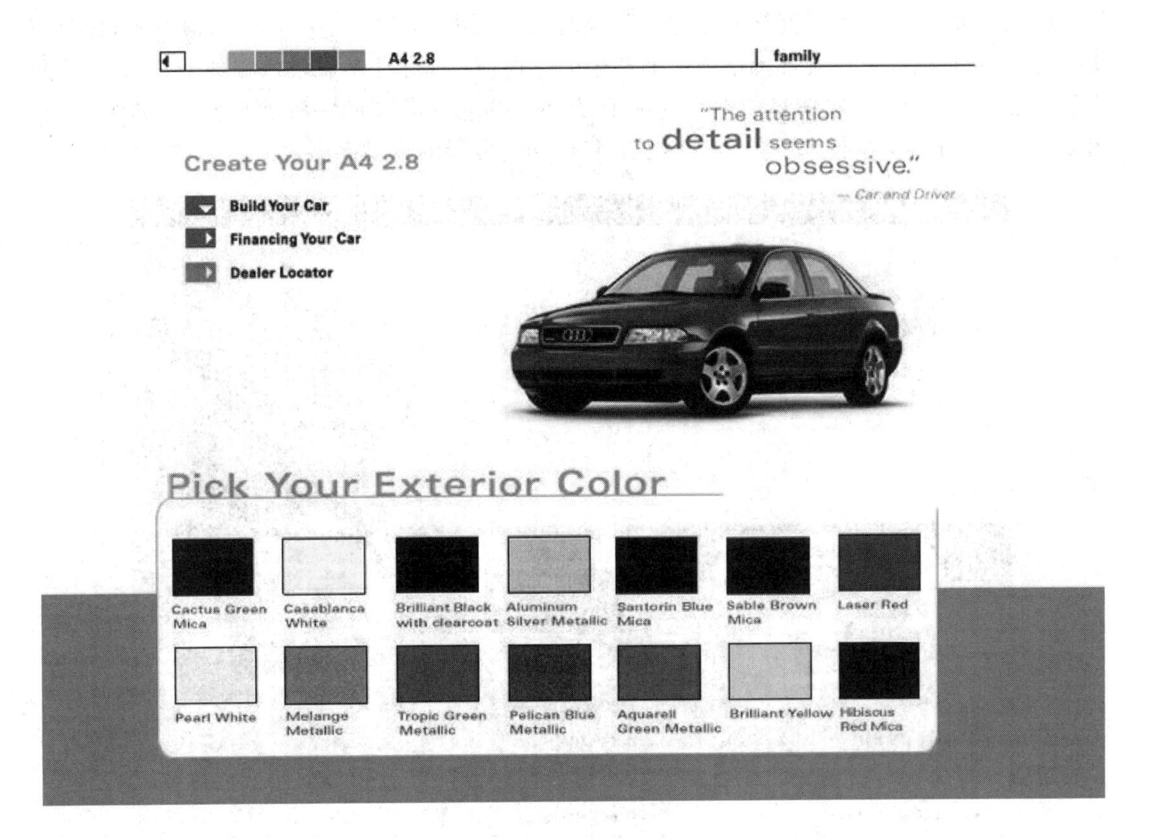

图 4-3

2. 网络的发展

网络的发展可以追溯到 20 世纪 50 年代，当时人们尝试把独立发展的通信技术和计算机技术联系起来，在技术上为今后计算机网络的出现做好了准备，同时建立了一些基础的理论性的概念。在这个时期，计算机技术正处于第一代电子管计算机向第二代晶体管计算机过渡期。第一代计算机的特点是操作指令是为特定任务而编制的，每种机器有各自不同的机器语言，功能受到限制，速度慢；另一个明显特征是使用真空电子管和磁鼓存储数据。第二代计算机用晶体管代替电子管，还具备现代计算机的一些部件：打印机、磁带、磁盘、内存、操作系统等。计算机中存储的程序使得计算机有很好的适应性，可以更有效地应用于商业。在这一时期出现了更高级的 COBOL(Common Business-Oriented Language) 和 FORTRAN(Formula Translator) 等语言，以单词、语句和数学公式代替了二进制机器码，使计算机编程更容易。这个时期的通信技术经过几十年的发展已经初具雏形，为今后网络的发展奠定了基础，为网络的出现做好了前期的准备。

有了第一阶段的理论基础后，网络进入第二个发展阶段，即 20 世纪 60 年代。正值冷战时期的美国为了防止其军事指挥中心被苏联摧毁后军事指挥出现瘫痪，开始设计一个由许多指挥点组成的分散指挥系统，以保证其中一个指挥点被摧毁后，不至于出现全面瘫痪的现象，并把几个分散的指挥点通过某种通信网连接起来，成为一个整体。1969 年，美国国防部高级研究计划管理局(ARPA，Advanced Research Projects Agency)把 4 台军事及研究用计算机主机连接起来，于是 ARPAnet 诞生了，ARPAnet 是计算机网络发展过程中的一个里程碑，是 Internet 出现的基础。当时，ARPAnet 技术还不具备推广的条件，所以该网络仅用于军事。从某种意义上讲,冷战促使了网络的诞生。随着网络的出现,诞生了一种新的通信技术,即分组交换技术,它是随计算机实现网络通信而产生的。这种技术是将传输的数据加以分割,并在每段前面加上一个标有接收信息的地址的标示,从而实现信息传递的一种通信技术,如图 4-4～图 4-6 所示，分组交换技术也是 20 世纪 60 年代网络发展的重要标志之一。

图 4-4

图 4-5

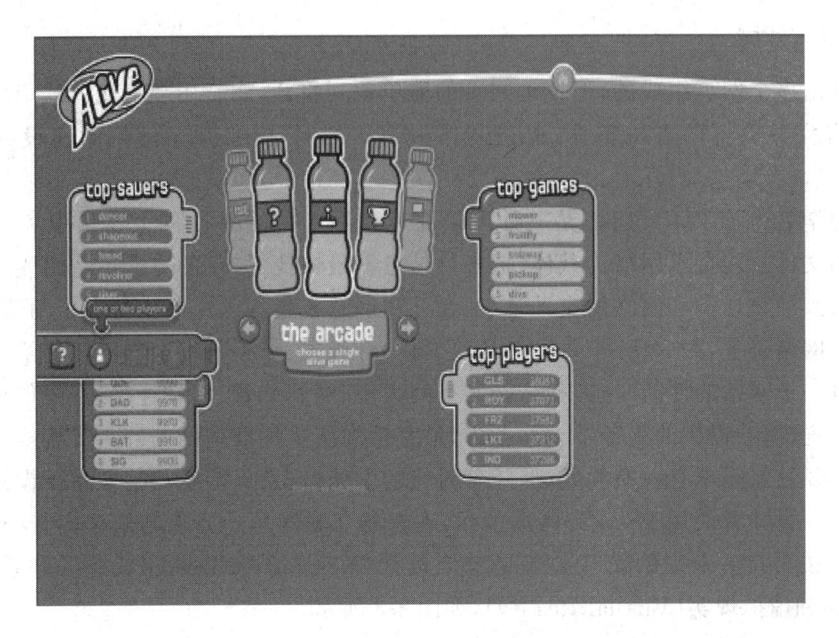

图 4-6

1991 年，Internet 开始被用于商业，Internet 的商业化成为 Internet 发展的催化剂，使得它以空前的速度迅速发展，服务器的增多、连入网络的计算机数目的增多以及主干网速度的提升，都为商业的发展提供了广阔的空间，同时，商业的发展也影响着网络的发展。

如今，随着网络技术的成熟，高速局域网技术迅速发展，传输速率为 10 Mbit/s 的 Ethernet 的广泛应用、IP 电话服务、更高性能的网络的发展使得网络已经渗入商业、金融、政府、医疗、科研、教育等各个领域，使得网络成为人们生活中不可缺失的一个重要组成部分，如图 4-7 所示。

图 4-7

3. 网页的发展

网站是由多个网页组成的，但不是网页的简单罗列组合，而是用超链接方式组成的既有鲜明风格又有完善内容的有机整体，要想制作一个好的网站，必须了解网站建设的一些基本知识。

网页的学名为 HTML 文件，是一种可以在互联网上传输并被浏览器认识和翻译成页面显示出来的文件。网页以网络为载体，把各种信息以最快捷、方便的方式传达给受众。网页设计是一门新兴的设计类和网络的交叉学科，在互联网越来越深入生活中每一个角落的年代，网页传达的是网络语言，每一条线、每一个色块、每一种版式、每一种组合都能传递给阅读者一种感觉。衡量一个网站的性能时，通常从网站空间大小、网站位置、网站连接速度（俗称“网速”）、网站软件配置、网站提供的服务等方面考虑，最直接的衡量标准是网站的真实流量。

设计与开发之间本有一条界线，但随着时代的发展，这条界限变得越来越模糊甚至感觉不到它的存在。设计者使用 PS 设计网页版面，现在的互联网用户要求越来越多，没有内涵的华丽很快就会被丢弃。未来的设计趋势是响应设计（Responsive Design）、持续联系（Constant Connection）和虚拟现实（Virtual Reality），如图 4-8 所示。

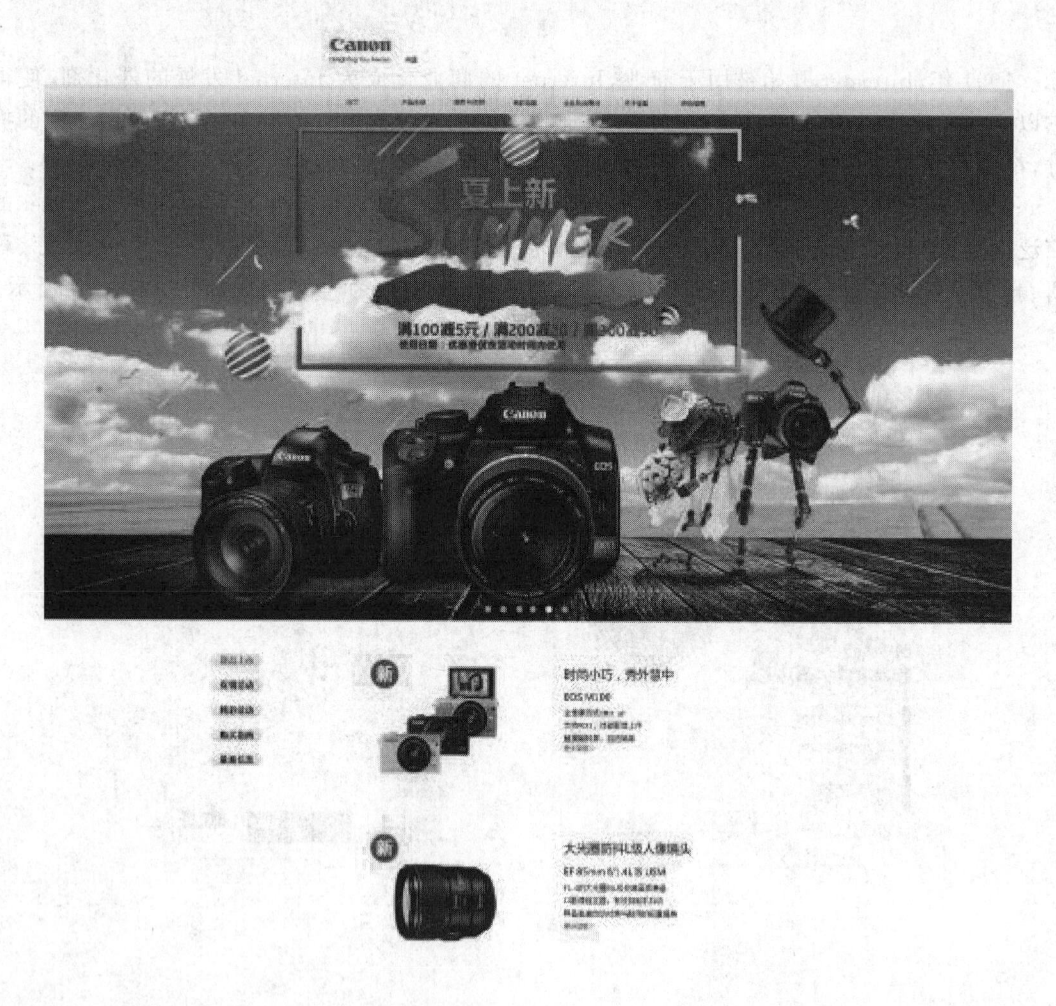

图 4-8

近几年的网页设计趋势热点如下所述。

(1) 更多的 CSS3＋HTML5

在过去的几年设计师已经开始关注和使用 CSS3＋HTML5。网页设计师最终会抛弃 Flash,新技术(CSS3＋HTML5)将会取而代之。如今,魔术师"HTML5"成为网页设计舞台的主角。

(2) 简单的配色方案

没有什么比纯色的背景更直观、更简洁。纯色有很多种表达方式,可以考虑将绿色、黄色或者红色作为网页主色调,当然,颜色最好保持使用 2～3 种。调整颜色的透明度,或许会给设计者带来意想不到的效果。

网页通常用图像档来提供图画。网页要使用网页浏览器来阅读。网页是构成网站的基本元素,是承载各种网站应用的平台。通俗地说,网站就是由网页组成的。如果网站只有域名和虚拟主机,而没有制作任何网页,则用户无法访问网站。网页是一个文件,它存放在某一台计算机中,而这台计算机必须是与互联网相联的。网页经由网址(URL)来识别与存取,当用户在浏览器中输入网址后,经过一段复杂而又快速的程序,网页文件会被传送到用户的计算机上,然后通过浏览器解释网页的内容,再展示到用户的眼前。

(3) 文字与图片多样组合

文字与图片是构成网页的两个最基本的元素,可以简单地理解为,文字就是网页的内容,图片就是网页的美观。除此之外,构成网页的元素还包括动画、音乐、程序等。在网页上右击选择菜单中的"查看源文件",就可以通过记事本看到网页的实际内容。网页实际上只是一个纯文本文件,它通过各式各样的标记对页面上的文字、图片、表格、声音等元素进行描述(如字体、颜色、大小),而浏览器则对这些标记进行解释并生成页面,于是就得到用户所看到的画面。为什么在源文件中看不到任何图片？网页文件中存放的只是图片的链接位置,而图片文件与网页文件是相互独立存放的,甚至可以不在同一台计算机上。

通常我们看到的网页都是以 htm 或 html 后缀结尾的文件,俗称 HTML 文件。不同的后缀分别代表不同类型的网页文件,如生成网络页面的脚本或程序 CGI、ASP、PHP、JSP、SHTML 或其他。

① 文本。文本是网页中最重要的信息载体与交流工具,网页中的信息一般以文本形式为主。

② 图像。图像元素在网页中具有提供信息并展示直观形象的作用。静态图像:在页面中可能是光栅图形或矢量图形,通常为 GIF、JPEG、PNG 格式或矢量格式(如 SVG 或 Flash)。动画图像:通常为 GIF 或 SVG 格式。

③ Flash 动画。动画在网页中的作用是有效地引起访问者更多的注意。

④ 声音。声音是多媒体和视频网页的重要组成部分。

⑤ 视频。视频文件的采用使网页效果更加精彩且富有动感。

⑥ 表格。表格在网页中用于控制页面信息的布局方式。

⑦ 导航栏。导航栏在网页中是一组超链接,其链接的目的端是网页中重要的页面。

⑧ 交互式表单。表单在网页中通常用于联系数据库并接受访问用户在浏览器端输入的数据,利用服务器的数据库为客户端与服务器端提供更多的互动,如图 4-9～图 4-11 所示。

about us
about the day
fix up
news
school stuff
wrapr
rubbish report
Let's talk rubbish...
Latest News
click here
Reduce waste
with....
WRAPR
Telstra
Big Pond
4th March 2001
call 1800 024 890
or search for
your nearest
site.
hey kids,
join scrappy
to clean up!
click here

图 4-9

ING

2005
Corporate
Responsibility Report
Responsible growth
» Find out more
Welcome
ING Group
News, investor relations and general information about ING
Direct access to:
Press Room
Investor Relations
Careers
ING Direct
Find the ING Direct website for your country
US Clients
ING's personal finance services for the USA
ING Wholesale Banking
For corporate & institutional clients
Personal Finance
ING's services for personal finance in your country:
Please choose
INSURANCE I BANKING I ASSET MANAGEMENT
Disclaimer. Security. ©2001-2006 ING Groep N.V. All rights reserved. Please review the Privacy Statement.

图 4-10

图 4-11

4. 网站设计的四大步骤

(1) 规划

网站规划是指在网站建设前对市场进行分析，确定网站的目的和功能，并根据需要对网站建设中的技术、内容、费用、测试、维护等做出规划。网站规划对网站建设起到计划和指导的作用，对网站的内容和维护起到定位作用。

一个专业的网站是建立在合理的网站规划的基础上的，网站规划既包括战略性的内容，又包括战术性的内容，网站规划应站在网络营销战略的高度来考虑，战术是为战略服务的。网站规划是网站建设的基础和指导纲领，决定了一个网站的发展方向，对网站推广也具有指导意义。网络营销计划侧重于网站发布之后的推广，网站规划侧重于网站建设阶段的问题，但网站建设的目的是开展网络营销，因此应该用全局的眼光来看待网站规划，在网站规划阶段就应将计划采用的营销手段融合进来，而不是在网站建成之后才考虑怎么做营销。网站规划的内容对网络营销计划同样具有重要意义，网站规划具有与网络营销计划同等重要的价值，二者不可互相替代。网站规划的主要意义在于树立网络营销的全局观念，将每一个环节都与网络营销目标结合起来，增强针对性，避免盲目，如图 4-12 所示。

(2) 设计

设计一般分为两个阵营：前台和后台（当然也有一起做而不区分的）。其中，前台利用 Photoshop 等软件设计网页，并以图片形式给出（一般以 PSD 格式给出，方便修改），后台编写后台程序，进行数据库结构设计，如图 4-13 所示。

图 4-12

图 4-13[①]

① 图 4-13 所示为东北农业大学艺术学院网页设计方案。

(3) 制作

通俗地说，网站制作就是网站通过页面结构定位，进行合理布局、图片文字处理、程序设计、数据库设计等一系列工作，也是将网站设计师的图片用 HTML 方式展示出来，属于前台工程师的一项任务，前台工程师的任务包括：网站设计、网站用户体验、网站 Java 效果、网站制作等。网站制作是网站策划师、网络程序员、网页设计师等工作人员，应用各种网络程序开发技术和网页设计技术，为企事业单位、公司或个人在全球互联网上建设站点，并包含域名注册和主机托管等服务的总称。网站制作需要网站虚拟空间、域名和动态网站的数据库这 3 个最基本的条件。网站虚拟空间用于存放网站文件，如图片信息、HTML 文件、PHP 文件等，相当于一个硬盘空间，只是这个空间可以被互联网用户以网址或 IP 地址的形式访问。域名即访问网站的地址。动态网站的数据库是用于存放网站数据的空间，这里的网站数据并非网站的 HTML 文件、图片信息等，而是网站访客提交的留言、个人信息等，如图 4-14 所示。传统的静态网站无须数据库支持。

图 4-14

域名是网站在互联网上的名字，是用于在互联网上相互联络的网络地址。一个非产品推销的纯信息服务网站的所有建设价值都凝结在其网站域名之上，失去这个域名，就将前功尽弃。所以，从笔者个人观点来讲，首先应注册一个域名，独立的域名就是个人网站的一笔财富，要把域名起得形象、简单、易记。制作网站优势，充分利用网络资源能以低代价把产品或服务的信息很方便地发向全世界的每个角落。

开展电子商务的目的是实现交易信息的网络化和电子化，如使用电子货币、开网上商店、进行网上商务谈判和使用电子签名签合同等，电子商务是未来经济发展的大趋势。企业通常会加入网上的某个行业协会网站或商业网站，成为会员或网员。企业可以在行业协会网站或商业网站上发布供求信息、获取有关政策和市场信息或享受其他服务。从销售的角度来看，企业建设网站可以减少交易的中间环节，降低成本，企业网站还可以扩建成为网上销售和售前售后咨询服务中心，如图 4-15 和图 4-16 所示。

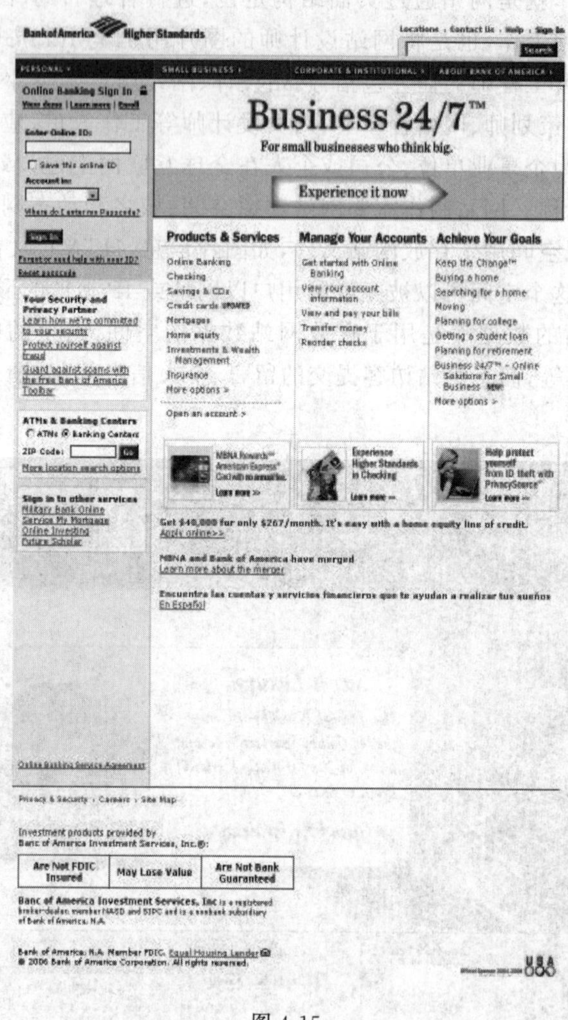

图 4-15

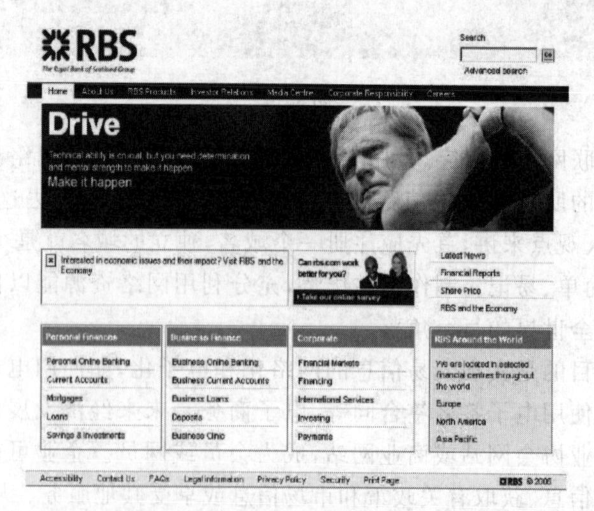

图 4-16

（4）与客户互动来往

企业建设网站，将信息咨询站开设到网上，由专人值守提供信息服务，可与外部建立实时的、专题的或个别的信息交流渠道。一些企业在网站上公开电子邮件地址，使客户能够通过电子邮件向企业表达意见，因为电子邮件的传送速度很快，企业能够迅速得到客户信息并及时回复。一些企业的网站以论坛或公告板的形式联系客户，客户可以发表意见，同时能够看到其他客户的信息和从前的信息。

有些网站面向企业提供广告服务业务。网上广告通常以一个醒目的图形贴在 ISP 网页上，企业可以利用自己或别人的网站在网上发布广告。一些专业的网络服务者在网上开设汇总信息的大型信息服务系统，通过该系统可以链接更多的、更具体的广告信息，其信息量可以很大。企业网站本身就是广告，一些企业在网上建设自己的网页或者开设自己的网站，把企业信息集中起来，分类分栏，方便浏览。现代社会中的大多数著名企业都在网上建设了自己的网页或网站，如图 4-17 和图 4-18 所示。

图 4-17

图 4-18

5. 测试

测试是指在一个网站制作完上传到服务器之后针对网站的各项性能的一项检测工作，它与软件测试有一定的区别。测试除了要求外观的一致性以外，还要求网站在各个浏览器下的兼容性，以及在不同环境下的显示差异。性能测试包括以下内容。

① 连接速度测试。用户连接到电子商务网的速度与上网方式（电话拨号或宽带上网）有关。

② 负载测试。负载测试是在某一负载级别下，检测电子商务系统的实际性能，即检测能允许多少个用户同时在线，可以通过相应的软件在一台客户机上模拟多个用户来测试负载。

③ 压力测试。压力测试是测试系统的限制和故障恢复能力，即测试电子商务系统会不会崩溃。

④ 安全性测试。安全性测试需要对网站的安全性（服务器安全、脚本安全）进行测试，包括漏洞测试、攻击性测试、错误性测试，还需要利用相应的软件对电子商务的客户服务器应用程序、数据、服务器、网络、防火墙等进行测试。

⑤ 基本测试。基本测试包括对色彩的搭配、链接的正确性、导航的方便和正确、CSS 应用的统一性的测试。

⑥ 网站优化。测试好的电子商务网站要确认是否经过搜索引擎优化，并对网站的架构、网页的栏目与静态情况等进行优化。

⑦ 发布。将页面文件上传到服务器，导入数据库数据，并清除测试阶段的记录，宣传网站（宣传要适当提前），如图 4-19 所示。

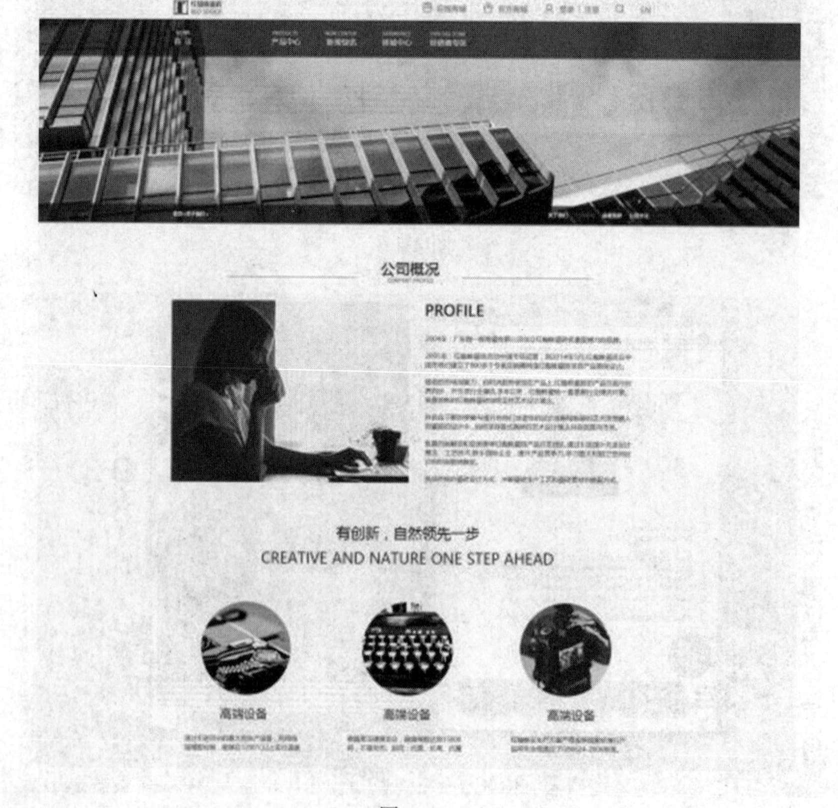

图 4-19

6. 管理

对网络营销来说，管理网站是既基础又重要的一个环节，现在大多数中小企业开始重视网络营销，逐渐参与一些培训课程改建企业网站，实施搜索引擎优化、邮件营销、软文营销、博客营销、微博营销、论坛营销等网络推广，但甚少注意自身的网站管理问题，如人员的配备、要求、制度、实施、监管、反馈。要做好网络营销就必须解决网络营销的基础问题，基础问题没处理好，后面的一切都是空话，正因如此，网站管理成为企业在网络营销进程中的一个重要课题，如图 4-20 所示。

图 4-20

（1）网站更新

网站发布到网上之后，经常更新一些网站现有的客户或潜在的客户日常关注的信息是非常有必要的。例如，更新公司动态、产品信息可以让客户及时了解公司的发展情况及动向，增加公司的可信度;更新行业动态、行业信息可以让客户及时关注行业发展形势,增加网站的被关注程度,在行业中树立良好的品牌形象;更新新品上市、产品促销等信息可以让客户了解公司产品的最新资讯。同时,经常更新网站的内容可以让网站更受搜索引擎的青睐,更有利于网站排名的提高,让潜在客户更容易找到公司网站。

(2) 网站发布

网站发布可使企业信息在互联网上无处不在,让搜索引擎增加对企业信息的收录量可使企业潜在客户通过互联网方便快捷地找到企业信息。网站发布一条信息就好比多一个业务员在市场上跑动,如果能坚持每天发布企业信息、企业产品、企业新闻、企业服务,企业就可以在行业中脱颖而出,每天能带来大量的浏览量,现在大部分企业都比较忽视这一块的主要原因是企业网站没有专职的管理。如果企业能用少量的费用解决上述问题并拥有专业的服务,则网站发布对企业来说是一个不错的选择。

(3) 网站优化

合理的网站结构、程序编写和简洁明了的网站导航能够大大提高网站的访问速度,节约有限的服务器资源,有利于保持网站的流畅,有利于客户的浏览,从而可以使客户喜欢企业的网站和产品。但现在的大多数网络公司和网站制作人员并不是很清楚这一点,或在这方面经验不足,企业本身对这方面缺乏足够的认识,导致网站的访问速度缓慢、信息查询烦琐,对网站的浏览造成很大的不便。在同行竞争异常激烈、替代产品众多的信息时代,这足以让客户放弃该企业而成为竞争对手或替代品商家的客户。

(4) 网站推广

如果网站没有全力地推广,客户想要找到企业的网站就如同大海捞针,这样的网站形同虚设,不能给企业带来任何直接的利益,这种资源的浪费才是企业最大的浪费。网站推广可以向各平台提供信息发布服务,网罗更多潜在客户,如图 4-21 所示。

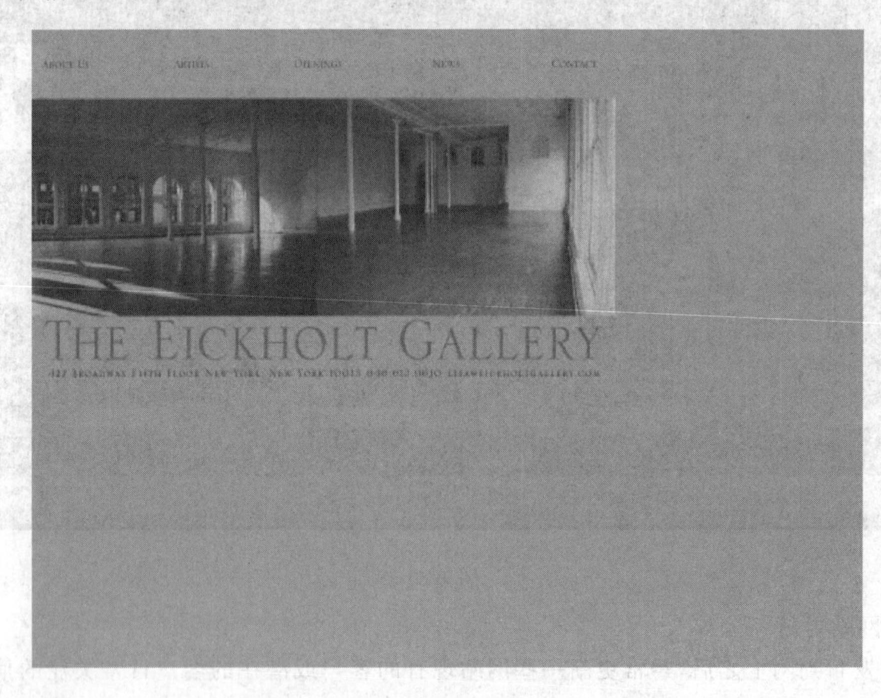

图 4-21

通过统计网站访问者的访问来源、访问时间、访问内容等访问信息，加以系统分析，总结出访问者访问来源、爱好趋向、访问习惯等共性数据，可为网站的进一步调整做出指引。

（5）网站安全维护

利用安全检测平台对网站进行安全扫描，如利用亿思安全检测平台进行漏洞扫描，设置好网站的权限，把发现的漏洞及时修补好。

（6）网上隐私权保护制度

① 为促进电子商务健康发展，加强信息共建共享，推进网上隐私权保护制度化、规范化，切实维护网民的权利，根据相关规定，制定本制度。

② 鉴于网络的特性，为了使用户正确有效地使用网站的功能与服务，并便于向用户提供优质高效的服务，网站会提示用户进行注册、填写表单等，获得其个人资料。公司服务部门根据栏目要求对信息进行审核，如发现用户提交的资料存在虚假、违法内容，相关工作人员可删除该资料并终止对该用户的服务。

③ 公司服务部门可通过技术手段实现用户自行阅览、补充、修改、删除其资料的功能，或根据用户的要求提供相关服务。

④ 未经用户同意及确认，公司不得将用户所提供的个人资料提供给第三方。当政府部门依照法定程序要求本网站披露个人资料时，本网站将根据执法单位之要求或为公共安全之目的提供个人资料。

⑤ 公司服务部门须在网站页面提示隐私权保护声明，说明网站对用户个人信息所采取的收集、使用和保护政策，如图 4-22 所示。

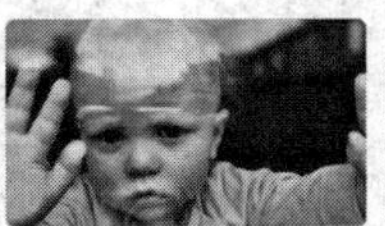

图 4-22

4.1.2 网页设计

1. 网页视觉设计

网站是企业向用户提供信息(包括产品和服务)的一种方式,是企业开展电子商务的基础设施和信息平台,离开网站(或者只利用第三方网站)去谈电子商务是不可能的。企业的网址被称为“网络商标”,是企业无形资产的组成部分,而网站是在互联网上宣传和反映企业形象和文化的重要窗口。

① 凸版效果。在我们的观察中,一个意料之外的趋势是凸版效果(也就是篆刻中的阴文效果),出现这样的趋势可能只是因为这个技术很少被人使用。我们发现这种技术通过不同的样式应用在不同的网站(多为在线服务网站)上。

② 交互式用户界面。现在的网站用户界面已经逐渐变得更漂亮、更易用。过去的几年中,一些基于网页的应用有了惊人的进步,交互式用户界面越来越像传统的桌面应用了。此外,越来越多的网站开始在页面上提供直观的用户动作响应。例如,页面上的按钮会根据用户的动作响应不同的状态(如“正常”和“按下”状态),而且很多网站开始根据不同的用户产生不同的响应,如图 4-23 所示。

图 4-23

③ 透明图片效果。透明图片效果尽管曾经不被 IE6 支持,但目前似乎变得流行起来,这种半透明的背景效果是设计师们一直希望拥有的特性。这种背景通常被用在头部和页脚处,但是也有一些设计跳出了这种窠臼,如图 4-24 所示。

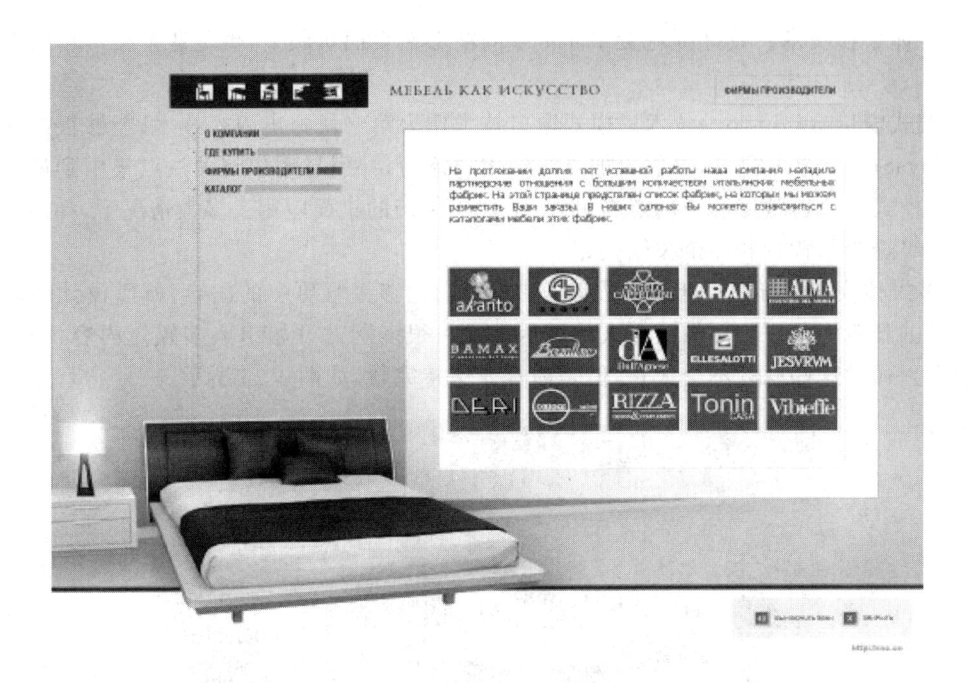

图 4-24

④ 大尺寸的文字排版。近年来,大尺寸的文字排版一直在流行,尤其是设计师网站、个人 Portfolio 网站以及在线服务类网站,这些网站会采用这样的方式传递给用户最重要的信息,如图 4-25 所示。这样的效果一般会将字号控制在 36 pt 以下,设计师们投入了更多的精力在文字排版的细节上,由此可见,网页将会变得更加漂亮、更加一致、更加可信。

图 4-25

⑤ 字体替换技术。设计师花费了非常多的精力在页面排版上,也花费了很多精力在字体选择上。

⑥ 模式窗口(LightBox)技术。模式窗口技术作为第二代弹出内容技术,能够很好地代替原来的 JavaScript 弹出窗口,提供更加友好的用户体验,并引导用户将关注点集中到最重要的区域上。模式窗口通常由用户的点击触发,类似于传统的桌面应用。多数情况下,弹出窗口都带有深色半透明的背景和一个关闭按钮。

⑦ 多媒体模块。随着宽带的普及,现在的用户能够接收更多的内容,所以设计师们可以利用这样的契机使用一些更加吸引人的展示方式。很多网站开始引入多媒体内容(如视频和屏幕录像),通常这些视频不会太长,但是内容要保持完整,如图 4-26 所示。

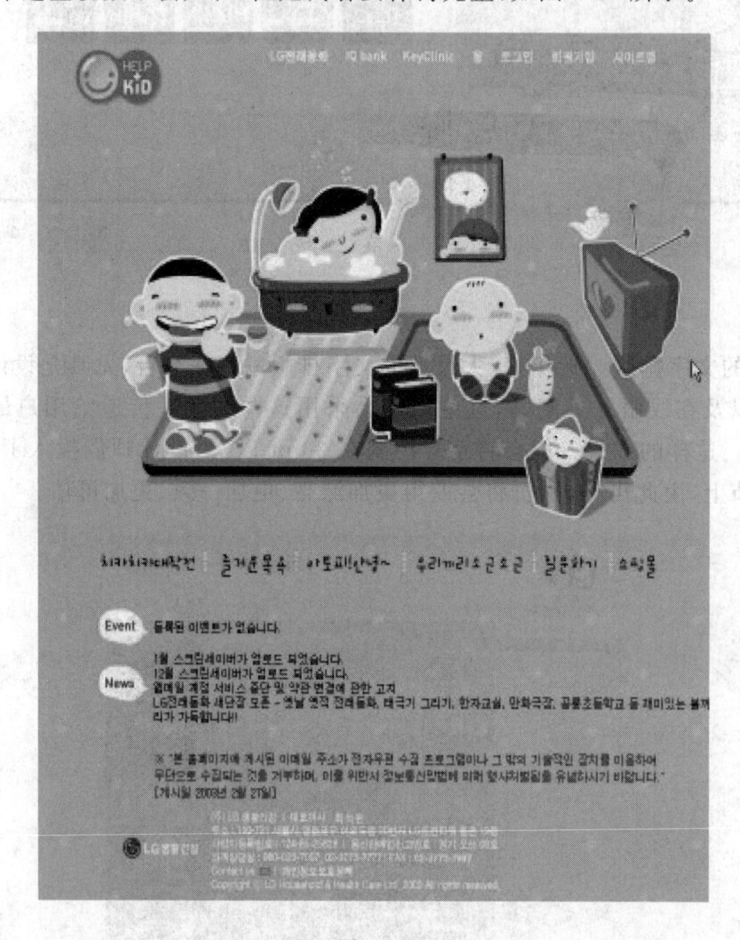

图 4-26

⑧ 杂志风格样式。在博客类网站设计中,我们发现了一个有趣的现象,很多技巧都取自传统印刷媒体设计,文章的组织、页面的排版、插图甚至文字的对齐方式都和传统印刷媒体越来越接近。网格化设计方式在产品网站、博客以及个人工作室网站中得到了广泛的应用,但是在企业站点或在线商店中还未曾出现,如图 4-27 所示。

⑨ 幻灯片形式。幻灯片导航形式的内容水平或者垂直滚动,通常由两个导航元素来控制滚动方向以及滚动内容。这种形式的好处是,用户不需要多次点击来搜寻令他们感兴趣的内容,可以快速地通过滚动幻灯片来浏览相关内容。这种形式多用于娱乐站点或者一些大型博客,如图 4-28 所示。

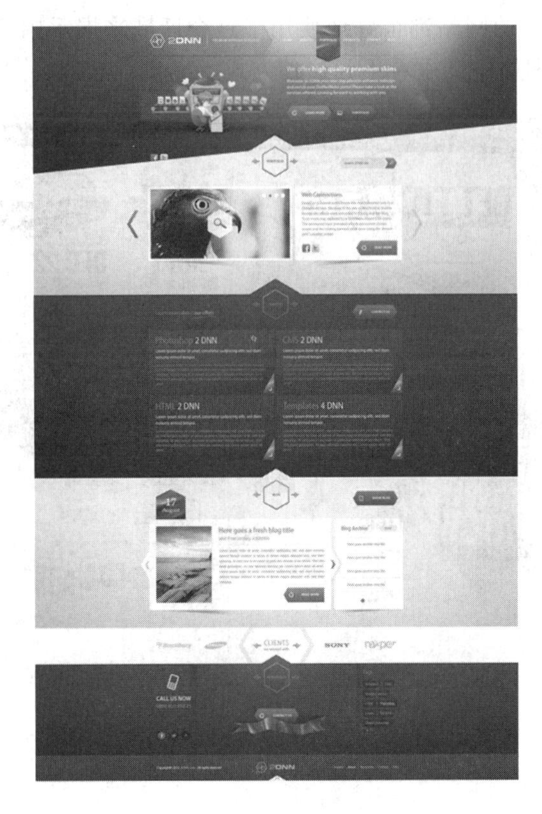

图 4-27

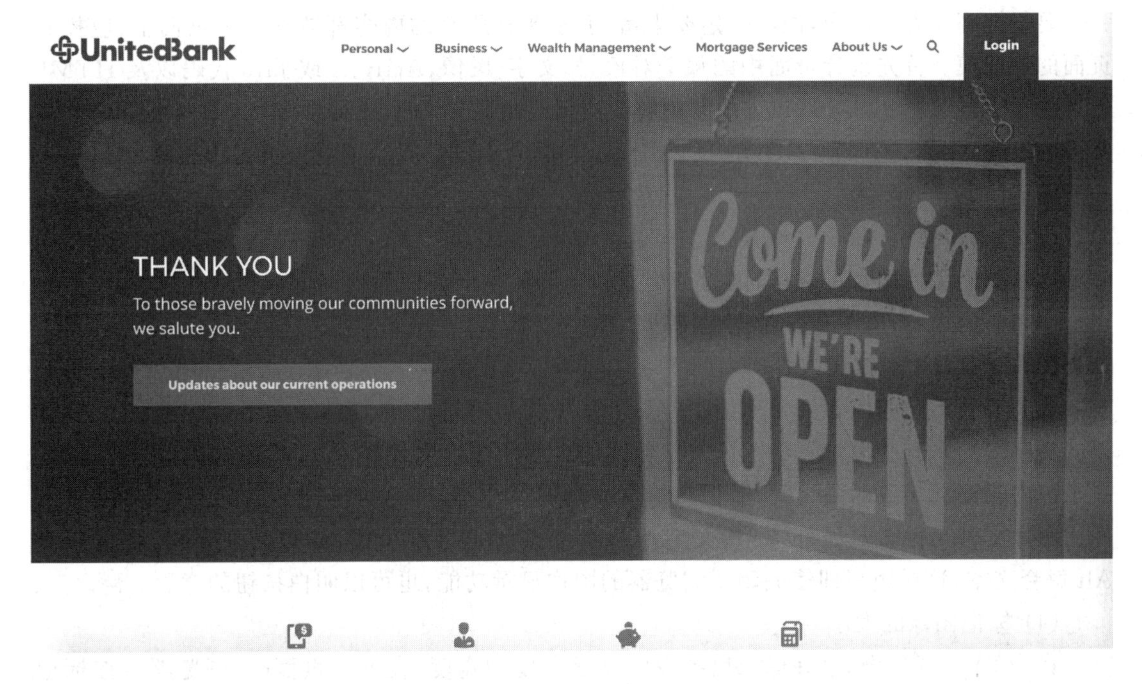

图 4-28

⑩ 内容介绍模块。页面的左上角是网页中最重要的一个区域，因为这个区域最能吸引用户的眼球，所以可以将最重要的信息放在那里展示，使用户能在第一时间获取这些信息。很多

个人工作室网站或产品类的网站都很好地使用了这个区域来展示内容介绍，如图 4-29 所示，而在博客或在线商店类网站中几乎看不到这种方式。

图 4-29

2. 网页的设计规则

(1) 控制页面的总规模

要想把网页做得精彩，内容一定要丰富，但不要把所有的内容都放在一个页面上，应控制页面的总规模。首先统计页面中的每个对象，如文字、图像、ActiveX 或 Java 代码以及 HTML 文本的大小，然后用 28.8 kbit/s 的调制解调器粗略地估计一下按每秒 3 KB 的速度下载整页所需的时间，例如，整页有 5 KB 的 HTML 代码和 30 KB 的图像，下载该页大约需要 12 s，这一般能满足访问者的要求。

(2) 分解大型表格

尽可能避免使用大型表格，因为浏览器必须等待整个表格的内容全部到达客户端，才能显示这个表格的内容，文本或图像则是一边下载一边显示。

(3) 不用图片来叙述内容

为了解决不同的语言平台不能正常显示某国文字的问题(如简体中文平台不能显示 BIG5 码的文字信息)，有些设计者将本国文字叙述的内容用图片文件表示，而不用文本，这样虽然解决了因内码不同导致的乱码问题，但却给页面增加了负担，因为对于同样的文字内容，文本文件比图片文件小得多。另外，一些文字性的图像按钮也尽量少用，如果必须要用，则应包含 Alt 解释文本，这样用户即使关闭了浏览器的图像显示功能，也可以明白按钮的意思。

(4) 标记图像的大小

在 HTML 代码中，最好标记出图像的显示高度和宽度，在下载页面时，浏览器会按标记的高度和宽度留出图像的位置，在图像下载完毕之前及时地显示其周围的文字内容。如果让浏览器按图像本身的高度和宽度显示，那么只有在图像全部下载完毕后，才能显示图像及其周围的文字内容。

(5) 重用图像

如果多次使用同一图像文件，则客户端浏览器的 Cache 对此有所帮助。浏览器将从它的 Cache 中找出先前下载的那个图像文件并调入显示，而无须再从 Web 站点上下载，即使它们不在同一页面中，这样调入图像就不受带宽的约束。从技术上讲，增大浏览器的 Cache 可提高浏览的速度，但是事实并非如此，有时，清除 Cache 中的内容后下载的速度会快些，其原因是每次下载文本或图像时，浏览器总要到 Cache 中搜索相应的文本或图像，Cache 中的内容越多，搜索的时间就越长，如果搜索比下载更费时，那么此时应该及时清除 Cache 中的内容，如图 4-30 所示。

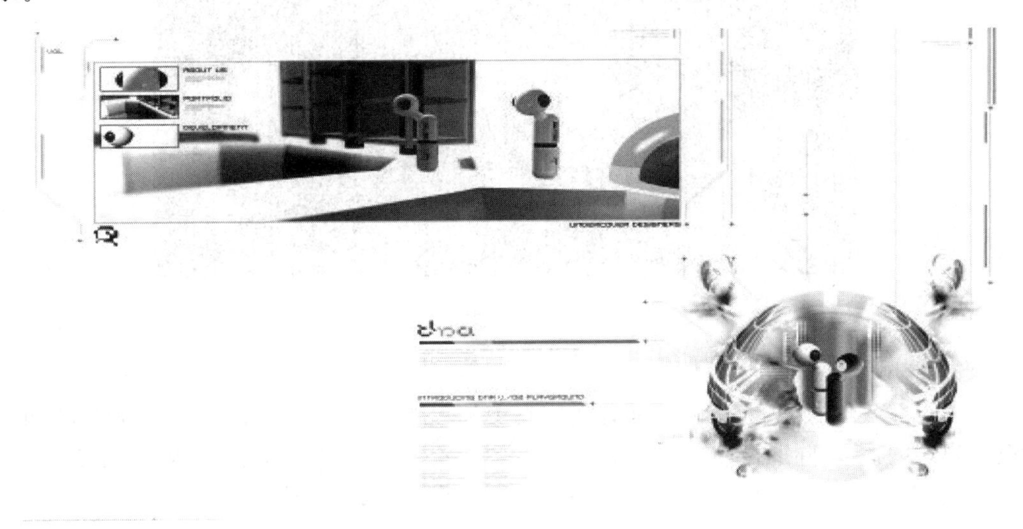

图 4-30

(6) 选择合适的格式

JPEG 格式是非常流行的图像格式，它对于大型图像的压缩率特别高，而 GIF 格式更适合小图像和艺术线条一类的图像。对于内容相同的 4 KB 以下的图像文件，GIF 格式比 JPEG 格式效果更好。

(7) 减少图像的数目

不要使用太多的图像文件。图像文件的数量和大小对页面是很重要的，因为每下载一个图像文件，浏览器都将向 Web 服务器请求一次连接，所以图像文件越多页面下载的时间越长，可以尝试用一个图像代替多个分散的小图形(如多个按钮)，从而尽可能地减少图像文件的数目，如图 4-31 所示。

(8) 对大型图像的处理

当页面必须有大型图像时，有两种处理方案可供参考：其一，建立一个缩图图像文件于主页中，将其链接到原始的大型图像；其二，先创建一个与原始图像大小一样但降低了色彩和分辨率的图像文件，使用低源标记，首先下载该图像文件。第二种方法的优点是客户无须下载大型图像文件，就能快速地了解图像的大概内容。

(9) 使用 JavaScript

能用 HTML 和 JavaScript 完成的事情，最好不要用 JavaApplet 和 ActiveX 来做。很少的 JavaScript 代码就可以在 4.0 以上版本的 Internet Explorer 和 Navigator 浏览器上做出惊人的效果，它比同样大小的 Java/ActiveX 或动态 GIF 文件要节省更多的下载时间。

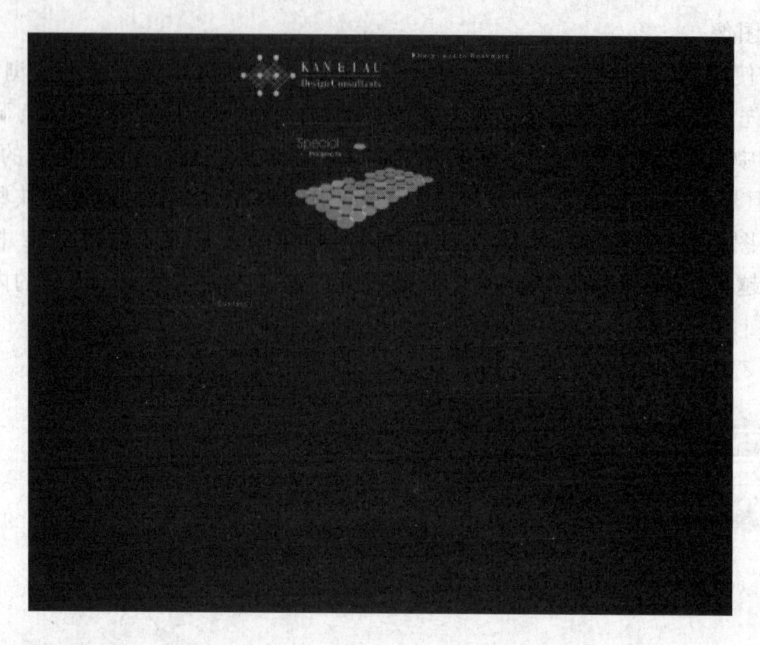

图 4-31

(10) 少用背景音乐

虽然当前版本的 HTML 语言具有在网页中加入背景音乐的功能,但这会降低将网页下载到客户端的速度,除非该网站与音乐有关,否则只会给人以华而不实的感觉。如果非要加入背景音乐,那么音乐文件最好使用 MIDI 格式,而不是 WAV 格式。

总之,网页设计者应该对自己的页面“精雕细刻”,尽量精简以提高网页下载的速度,千万不要用庞大的网页去消磨客户的耐性,如图 4-32 所示。

图 4-32

3. 网页的色彩设计

(1) 网页中的色彩

色彩是人视觉最敏感的东西。不同色彩之间的对比会有不同的效果,当两种颜色被放在一起时,这两种颜色将各自走向自己的极端,例如,红色与绿色对比,红色更红,绿色更绿,黑色与白色对比,黑色更黑,白色更白。由于人的视觉不同,对比的效果通常会有不同。当大家长时间地看一种纯色(以红色为例),再看周围的人时,会发现周围的人脸色呈绿色,这正是因为红色与周围的对比形成了对我们视觉的刺激。色彩的对比会受很多因素的影响,如色彩的面积、时间、亮度等。

色彩的对比包括很多方面,色相的对比是其中的一种。例如,湖蓝与深蓝进行对比时,人们会发觉深蓝带点紫色,湖蓝则带点绿色,各种纯色的对比会产生鲜明的色彩效果,很容易给人们带来视觉与心理上的满足。

色彩的对比也包括纯度的对比,例如,黄色是夺目的颜色,但是加入灰色会令其失去夺目的光彩。通常可以利用混入黑色、白色、灰色的方法来对比纯色,这样可以降低其纯度。纯度的对比会使色彩的效果更明确。

主页的色彩处理得好,可以锦上添花,达到事半功倍的效果。色彩总的应用原则应该是"总体协调,局部对比",即主页的整体色彩效果应该是和谐的,只有局部的、小范围的地方可以有一些强烈的色彩对比。

如何搭配色彩才能让主页更加绚丽多彩呢?我们遇到的问题主要是背景颜色和字体颜色的搭配问题:达到既不显得呆板,又不至于过于亮丽而造成过强刺激的视觉效果。

(2) 色彩的基本知识

① 颜色是因为光的折射而产生的。

② 红色、黄色、蓝色是三原色,其他的色彩都可以由这三种色彩调和而成。网页HTML语言中的色彩表达就是用这三种颜色的数值表示,例如,红色是Color(255,0,0),十六进制的表示方法为#FF0000,白色为#FFFFFF,我们经常看到的"bgColor=#FFFFFF"就是指背景色为白色。

③ 色彩分非彩色和彩色两类。非彩色是指黑、白、灰系统色。彩色是指非彩色以外的所有色彩。

④ 任何色彩都有饱和度和透明度的属性,属性的变化会产生不同的色相,所以至少可以制作几百万种色彩。网页制作用彩色好还是用非彩色好呢?专业的研究机构的研究表明,彩色的记忆效果是黑白色的记忆效果的3.5倍,也就是说,在一般情况下,彩色页面更加吸引人。

我们通常的做法是,要考虑主页底色(背景色)的深浅,这里借用摄影中的术语,即"高调"和"低调",底色浅的称为高调,底色深的称为低调。底色深,内容的颜色就要浅些,以深色的背景衬托浅色的内容(文字或图片);反之,底色浅,内容的颜色就要深些,以浅色的背景衬托深色的内容(文字或图片)。这种深浅的变化在色彩学中被称为"明度变化"。有些主页,底色是黑色,文字也选用了较深的色彩,由于色彩的明度比较接近,用户在阅览时眼睛会感觉很吃力,影响阅读效果。当然,色彩的明度也不能变化太大,屏幕上的亮度反差太强同样会使浏览者的眼睛受不了。

(3) 色彩的象征意义

网页设计也要考虑色彩的象征意义。颜色的配置可以反映设计者的心情和喜好,也会暴露设计者对颜色的驾驭能力。

在色彩的运用上，设计者可以根据主页内容的需要和自己的喜好采用不同的主色调。色彩具有象征性，例如，嫩绿色、翠绿色、金黄色、灰褐色可以分别象征春、夏、秋、冬。职业也有标志色，如军警的橄榄绿，医护人员的白色等。色彩可以表现明显的心理感觉，如冷、暖的感觉，进、退的效果等。另外，色彩还有民族性，各个民族由于环境、文化、传统等因素的影响，对于色彩的喜好存在着较大的差异。

暗色中含高亮度的对比，如深红中间是亮红，会给人以沉着、稳重、深沉的感觉。中性色与低亮度的对比，如草绿中间是浅灰，会给人以模糊、深奥的感觉。纯色与高亮度的对比，如白色与黄色的对比，会给人以跳跃舞动的感觉。纯色与低亮度的对比，如白色与浅蓝色的对比，会给人以轻柔的感觉。纯色与暗色的对比，会给人以强硬、不可改变的感觉。

① 色调。

a. 暖色调，即红色、橙色、黄色、赭色等色彩的搭配，可使主页呈现温馨、和煦、热情的氛围。冷色调，即青色、绿色、紫色等色彩的搭配，可使主页呈现宁静、清凉、高雅的氛围。

b. 对比色调，即把色性完全相反的色彩搭配在同一个空间里。例如，红与绿、黄与紫、橙与蓝的搭配，可以产生强烈的视觉效果，给人以亮丽、鲜艳、喜庆的感觉。当然，如果对比色调用得不好，则会适得其反，产生俗气、刺眼的不良效果。这就要求设计者把握"大调和，小对比"这一重要原则，即总体的色调应该是统一和谐的，局部可以有一些小的强烈对比。

② 色素。

a. 色环。我们将色彩按"红、黄、绿、蓝、红"依次过渡渐变，就可以得到一个色环，色环的两端是暖色和寒色，中间是中性色。

b. 色彩给人的心理感觉。不同的色彩会给浏览者以不同的心理感觉。每种色彩在饱和度、透明度上略微变化就会产生不同的效果。

- 红色：强有力、喜庆的色彩，具有刺激效果，容易使人产生冲动，是一种雄壮的精神体现，给人以愤怒、热情的感觉。
- 橙色：是一种激奋的色彩，具有轻快、欢欣、热烈、温馨、时尚的效果。
- 黄色：亮度最高，有温暖感，具有快乐、希望、智慧和轻快的效果。
- 绿色：介于冷暖色中间，具有和睦、宁静、健康、安全的效果。和金黄、淡白搭配，能呈现优雅、舒适的气氛。
- 蓝色：永恒、博大，具有凉爽、清新、专业的效果。和白色混合，能呈现柔顺、淡雅、浪漫的气氛，给人以平静、理智的感觉。
- 紫色：给人以神秘、压迫的感觉。
- 黑色：具有深沉、神秘、寂静、悲哀、压抑的效果。
- 白色：具有洁白、明快、纯真、清洁的效果。
- 灰色：具有中庸、平凡、温和、谦让、中立、高雅的效果。

4. 网页的构图设计

网页可以说是构成网站的基本元素，那么，影响网页精彩与否的因素是什么呢？色彩的搭配、文字的变化、图片的处理等当然是不可忽略的因素，除了这些因素，还有一个非常重要的因素——网页的布局。

(1) 坚实的地基——几何图形的力量

几何图形在页面中往往能起到"大梁"的作用，是网页内容最为常用的承载面板。将几何图形合理地搭配和有效地穿插，除了能使页面传达信息外，还能使其更具层次感和观赏性。圆角矩形结合信息模块巧妙地穿插排列，除了构造了网站主体的富有节奏的形状之外，更加强了页面的层次感，使页面不会显得枯燥和单调，如图 4-33 所示。

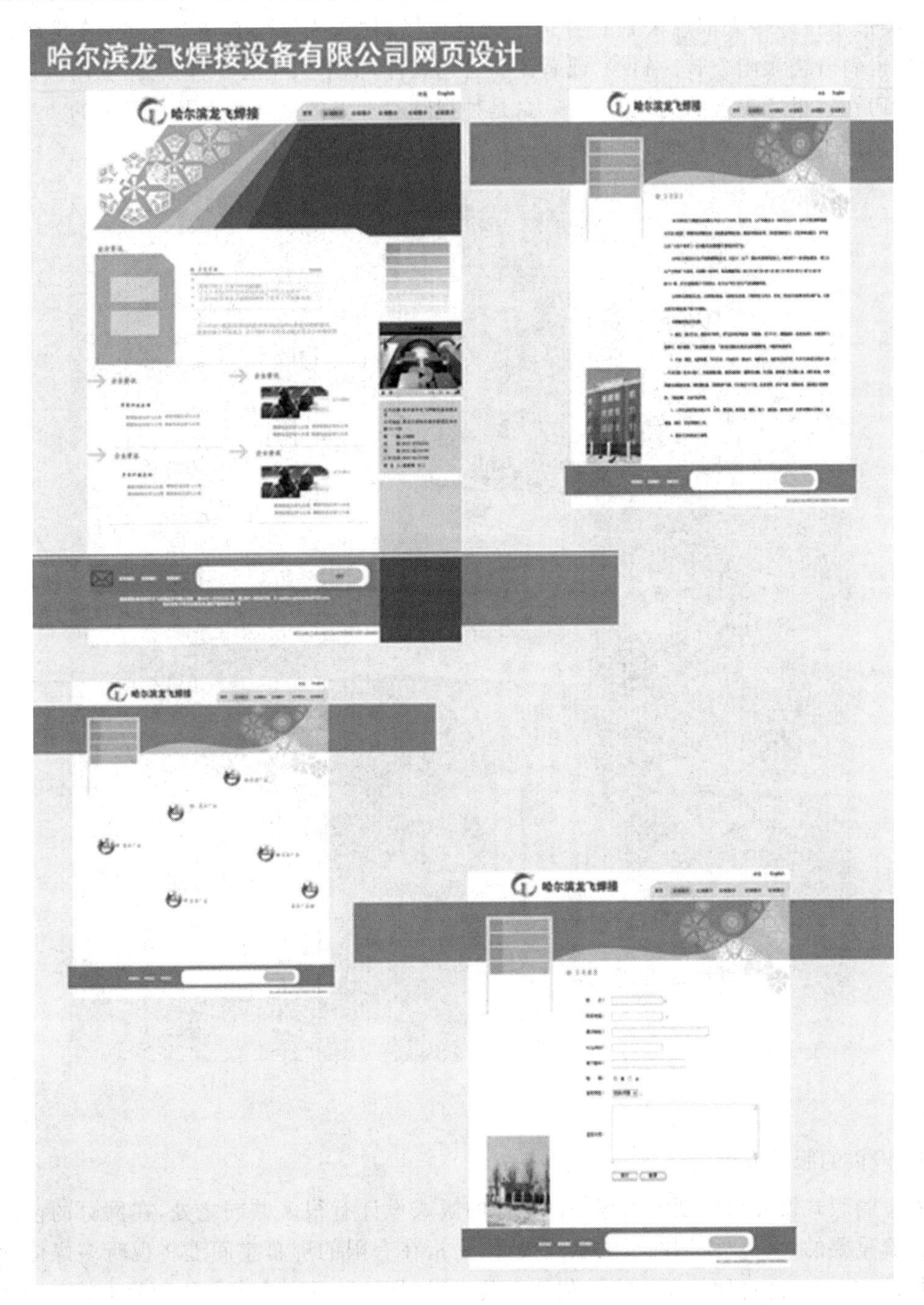

图 4-33

(2) 钢筋上的铆钉——破格而出的素材

素材应用得好，往往能起到画龙点睛的作用，而素材除了能点缀页面和表达主题之外，还能作为构图中的一种主要元素存在，这些素材通常能作为连接页面的纽带，使页面结构更加稳固，故称其为“铆钉”。

（3）打造斜塔之美——斜的视觉张力

比萨斜塔之斜是地质沙化下沉而致还是设计师故意为之，至今仍有人在争论，抛开争议，斜塔的美似乎让许多人都想来到它身边一睹这位倾斜“美人”之容，凑巧的是，在浩瀚的宇宙中，地球也斜着绕太阳公转。斜线，或者说斜着的物体，似乎天生有一种张力，在网页设计中也是如此，而在这里所表现的为视觉的张力，是种视觉心理上的延伸力而非物理上的。当页面过于平均，画面平平毫无亮点时，打破通体的平均尤为重要，如图 4-34 所示。

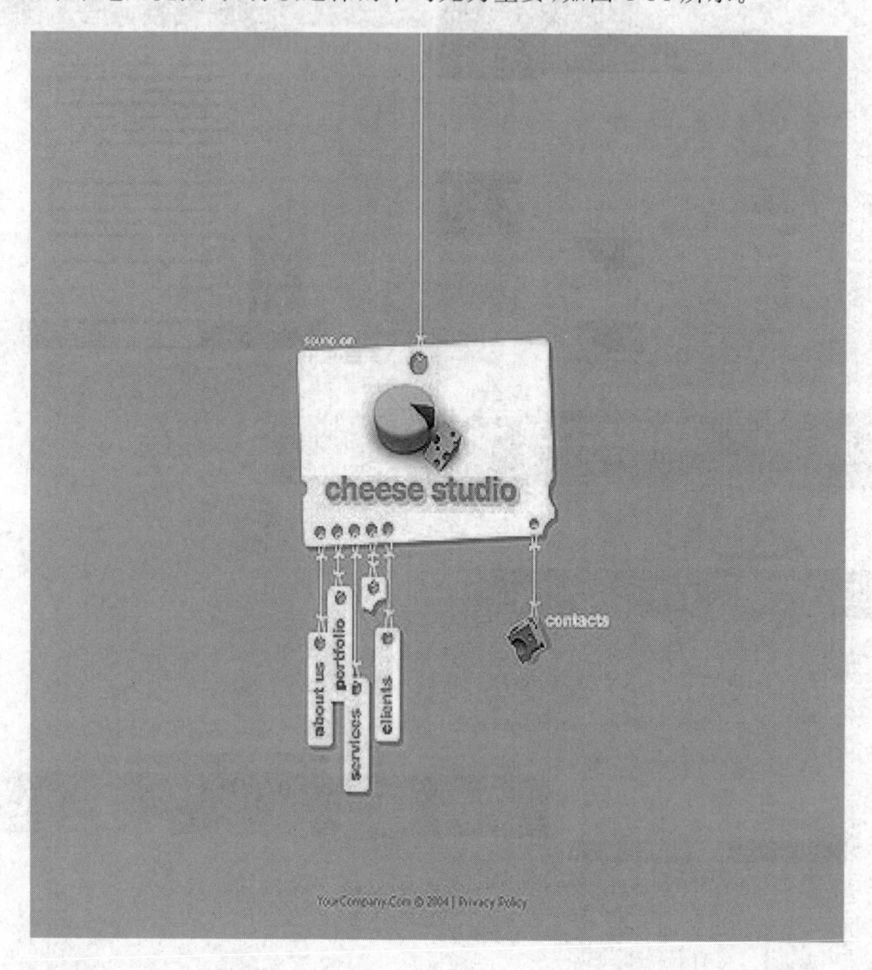

图 4-34

5. 网页的版式设计

网页的版式设计与报纸杂志等平面媒体的版式设计有很多共同之处，在网页的艺术设计中占据着重要的地位。所谓网页的版式设计，是指在有限的屏幕空间上将视听多媒体元素进行有机的排列组合，将理性思维个性化地表现出来，是一种具有个人风格和艺术特色的视听传达方式。网页的版式设计在传达信息的同时，能给人以感官上和精神上的享受。

但网页的排版与报纸杂志等的排版又有很多差异。印刷品都有固定的规格尺寸，网页则不然，它的尺寸是由读者来控制的，这使得网页设计者不能精确控制页面上每个元素的尺寸和位置。而且，网页的组织结构不像印刷品那样为线性组合，这给网页的版式设计带来了一定的难度，如图 4-35～图 4-37 所示。

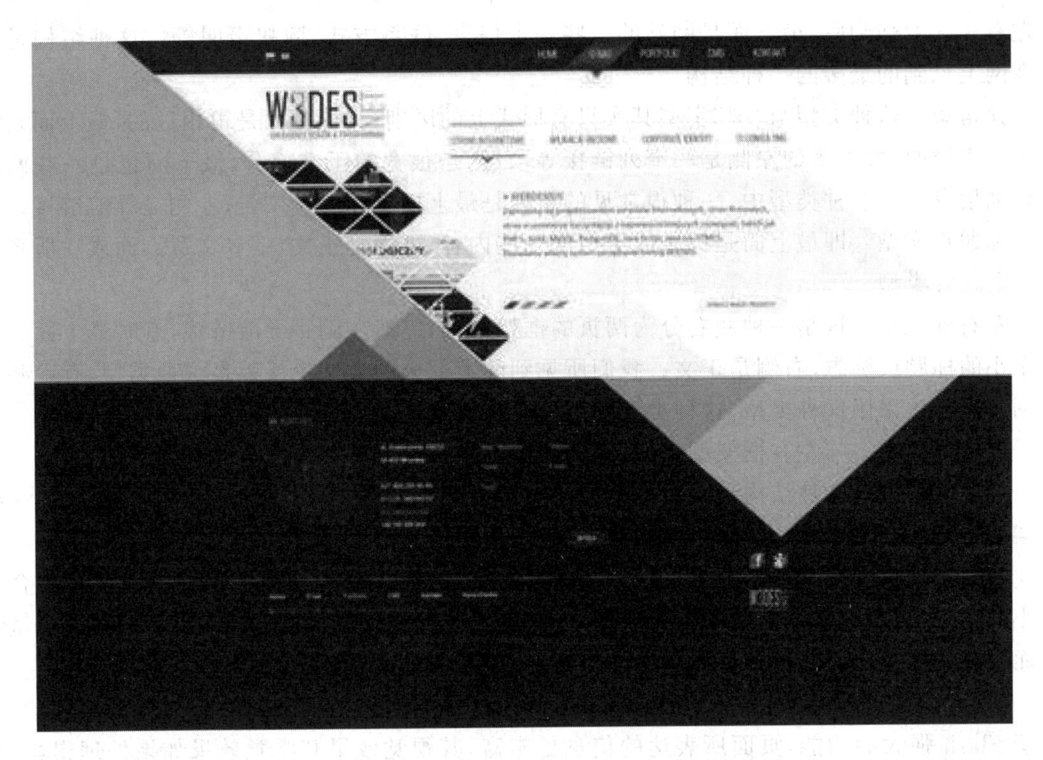

图 4-35

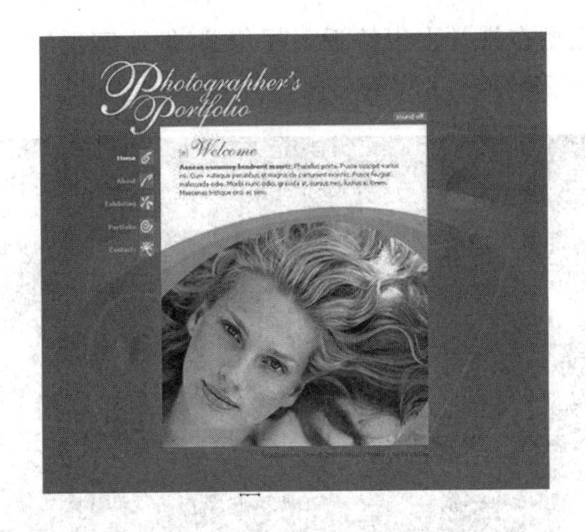

图 4-36

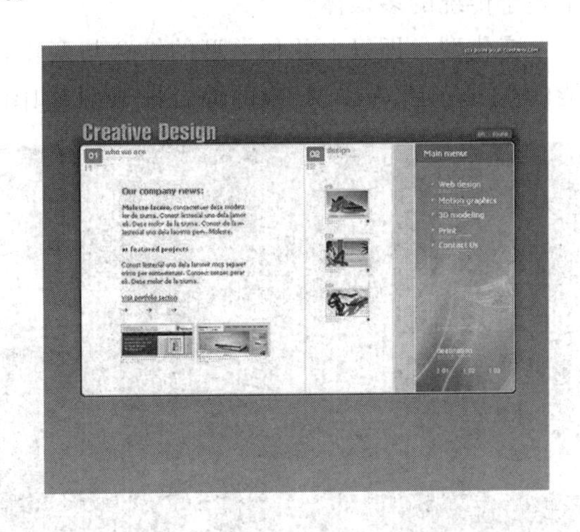

图 4-37

4.1.3　网页布局的分类

打开一个网页，首先呈现在眼前的就是网页的布局，合理的网页布局可以使访问者比较容易在站点上找到其需要的信息，所以网页制作初学者应该对网页布局的相关知识有所了解。

网页布局大致可以分为“国”字型、拐角型、标题正文型、左右框架型、上下框架型、综合框架型、封面型、Flash 型和变化型，如下所述。

“国”字型。“国”字型也可以称为“同”字型，是一些大型网站喜欢的类型，即最上面是网站的标题以及广告横幅，接下来就是网站的主要内容，左右分列一些小条内容，中间是主要部分，与左右一起罗列到底，最下面是网站的一些基本信息、联系方式、版权声明等。这种结构是我们在网上见到的最多的一种结构。

拐角型。这种类型与“国”字型其实只有形式上的区别，其他方面是很相近的，最上面是标题及广告横幅，接下来的左侧是一窄列链接等，右侧是很宽的正文部分，最下面也是一些网站的辅助信息。在这种类型中，一种很常见的布局是最上面是标题及广告，左侧是导航链接。

标题正文型。即最上面是标题或类似的一些内容，下面是正文，一些文章页面或注册页面等就是这种类型。

左右框架型。这是一种左右分为两页的框架结构，一般左侧是导航链接，有时最上面会有一个小的标题或标志，右侧是正文。我们所见到的大部分的大型论坛都是这种类型，有一些企业网站也喜欢采用这种类型，这种类型的结构非常清晰，一目了然。

上下框架型。与左右框架型类似，区别在于这是一种上下分为两页的框架结构。

综合框架型。这种结构是左右框架型和上下框架型两种结构的结合，是相对复杂的一种框架结构，较为常见的综合框架型结构类似于拐角型结构，只是采用了框架结构。

封面型。这种类型基本上出现在一些网站的首页，大部分为一些精美的平面设计结合一些小的动画，再放上几个简单的链接或者一个“进入”链接，甚至可能直接在首页的图片上做链接而没有任何提示。这种类型如果处理得好，会给人带来赏心悦目的感觉。

Flash 型。这种类型与封面型是类似的，只是这种类型采用了 Flash，与封面型不同的是，由于 Flash 强大的功能，页面所表达的信息更丰富，其视觉效果和听觉效果如果处理得当，绝不差于传统的多媒体。

变化型。即以上几种类型的结合与变化，变化型在视觉上很接近于拐角型，但所实现的功能的实质是上、左、右结构的综合框架型，如图 4-38 和图 4-39 所示。

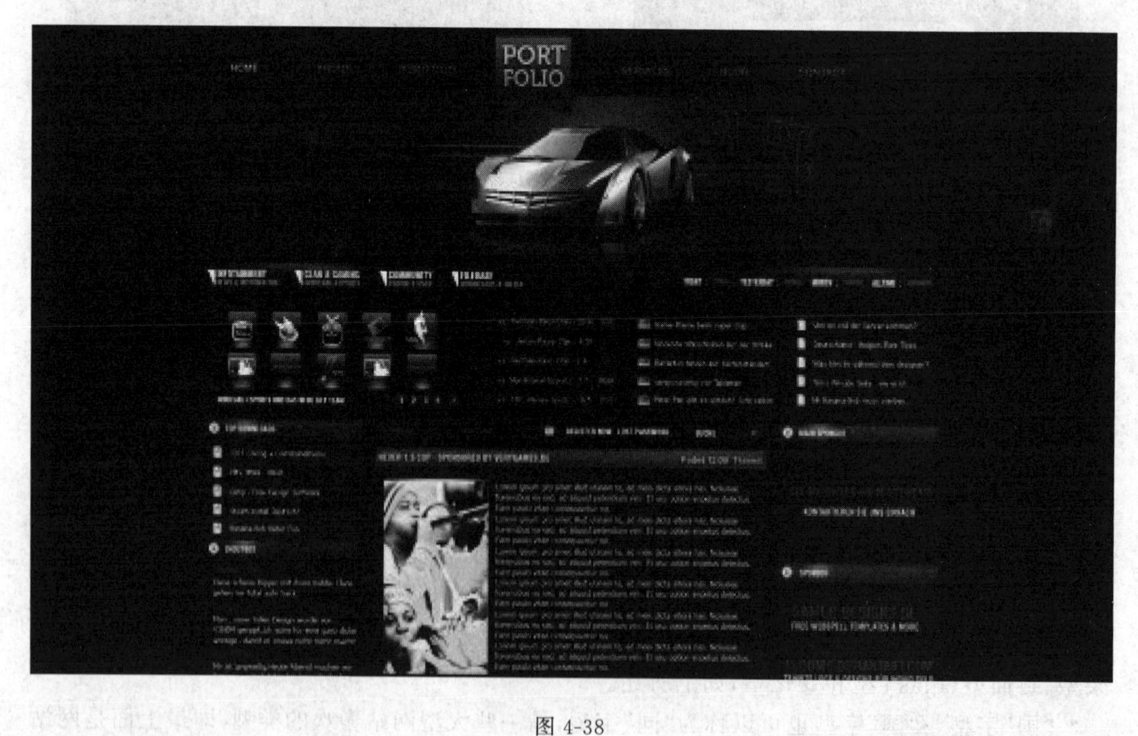

图 4-38

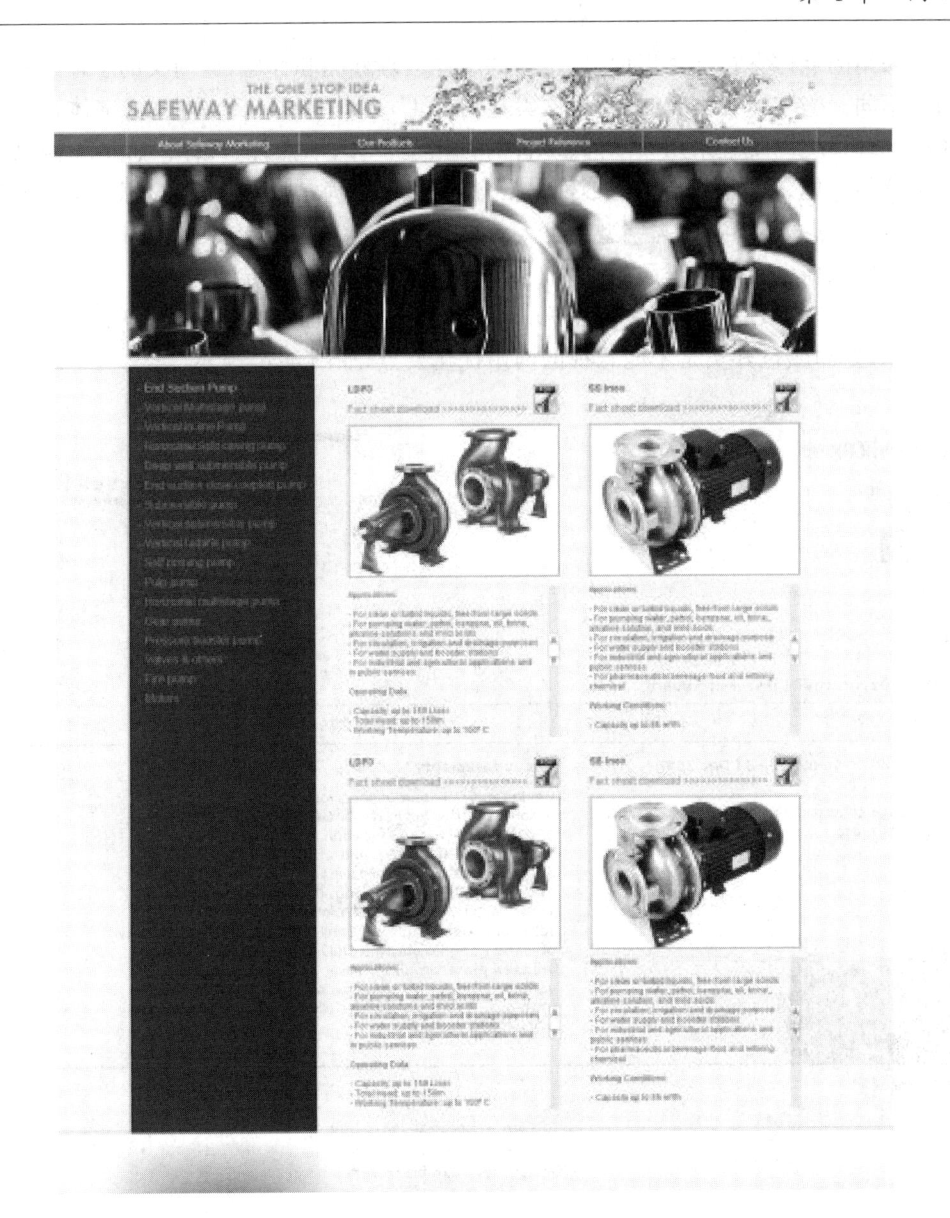

图 4-39

4.1.4　网页的文字设计

1. 网页文字的特征

文字是信息的主要载体，是构成网站的基础。很多人忽略了文字排版的重要性，而实际上占用页面面积最多的就是文字信息。文字信息阅读的舒适程度直接关系到浏览者的心理感受，字体的选择、字号的大小、行与行的距离、段落的安排都需要谨慎考虑。

进行文字设计时，尽量不要使文字变形，被变形的文字通常是不美观的。排版时要注意：大标题，小内文；粗标题，细内文；色彩与背景有一定的差异，保持可见性、易读性。文字大小要和谐统一，保持页面整洁、阅读舒适。全文排版最忌讳不分段，应该有层次。除了大段的文字信息之外，网页中还会出现各种情况的文字信息，如网站标题、导航信息和图片里的文字等。

同一页面内采用的字体宜在 3 种以内，以不同的字体区隔标题和标题，但内文的字体与标题的字体可同可不同。当字体种类少时，整个文案显得和谐，尤其是在一个站点内，字体运用更应讲求整体感。理性类网站宜采用较冷静、理智的方正型字体，如黑体、圆体。感性类网站不妨用较具变化感的字体。字体与字型均不可太多，但变化要合理，这样才能明显标示重点并区隔内容，适当表达信息内容。字体与字型种类太多会使页面显得杂乱，访问者内心会产生抗拒。字体本身的特殊风格也会影响作品的整体效果，文字越大，字体选择越要谨慎。

文字是网站最基本、最重要的一个元素，选择一个大众化的字体、设置符合视觉美观的大小、设置恰到好处的颜色其实是不能忽视的网站优化要点，如图 4-40 所示。

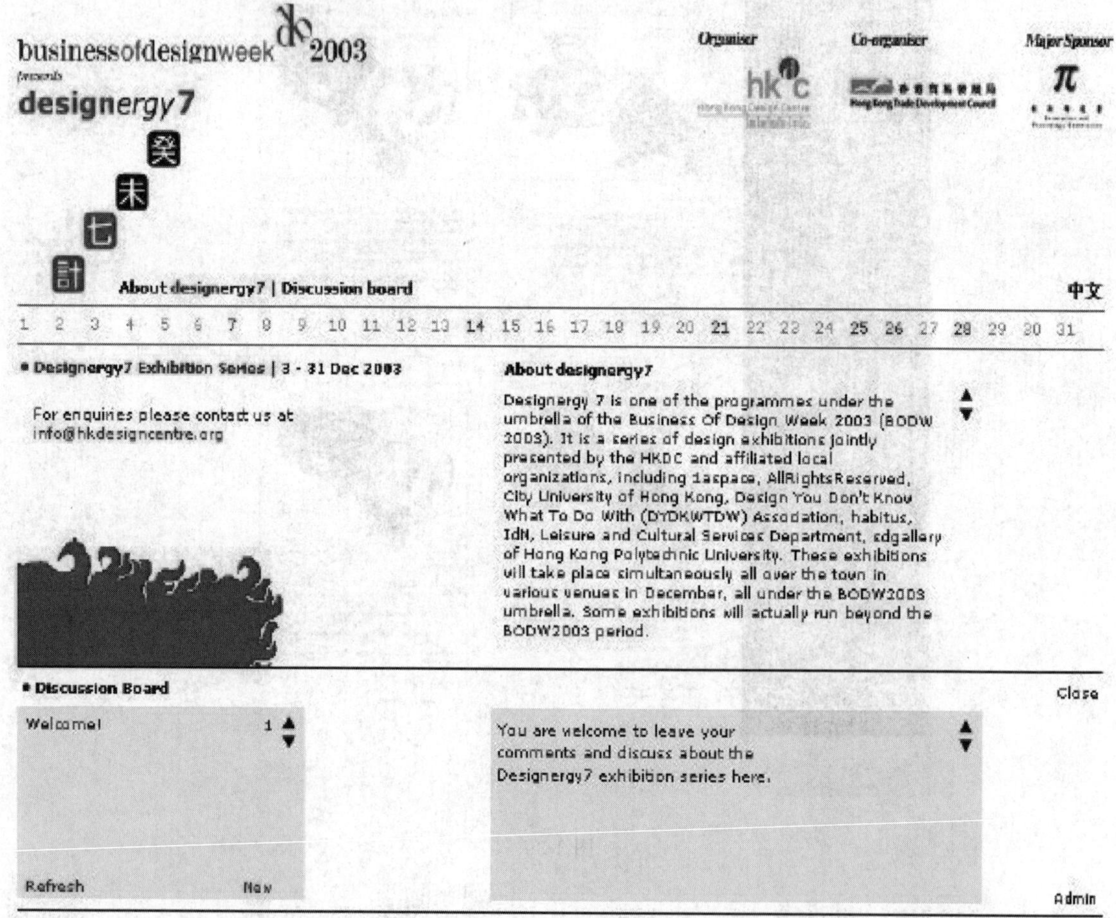

图 4-40

(1) 网页字体的样式选择

在英文网站方面，国外的很多东西不是免费的，当然也包括英文字体，所以设计字体时不要选择太有个性的字体，因为网站访客的计算机中可能没有下载这种字体，从而导致网站所要表达的信息不能完美地被诠释。国外浏览者计算机中常有的字体有 Arial、Times New Roman 和Verdana。国内普通的大众没有自己下载字体的爱好，一般的字体都是系统自带的，选择宋体肯定是不会错的，其他字体(如楷体等)可以自己斟酌选择，注意，漂亮的微软雅黑字体也不是每个人都安装了的。字体样式选择建议：一定要选择大众化字体，种类尽量不要超过

3 种，如图 4-41 所示。

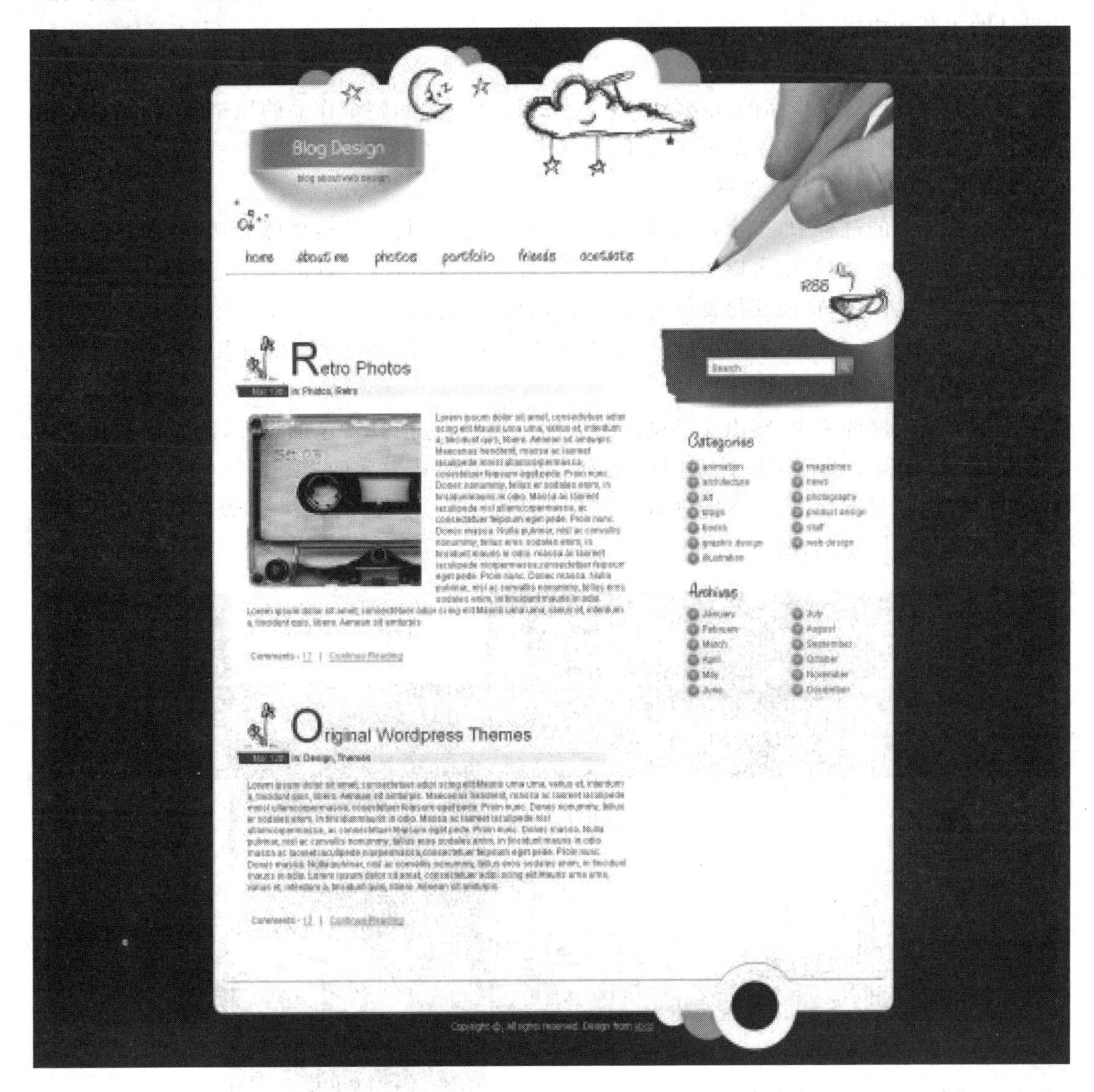

图 4-41

（2）网页字体的大小选择

由于 Windows 系统中默认的宋体是一种像素字体，最合适的大小是 12 pt 或 9 pt。

2. 网页文字的设计规则

文字设计的成功与否，不仅在于文字自身的书写，还在于其排列组合是否得当。如果网页设计中的文字排列不当，拥挤杂乱，缺乏视线流动的顺序，不仅会影响文字本身的美感，也不利于浏览者进行有效的阅读，难以产生良好的视觉传达效果。网页制作过程中文字的设计应该遵循以下几个原则。

（1）文字的可读性

文字的主要功能是在视觉上向大众传达设计者的意图和各种信息，要达到这一目的必须考虑文字的整体效果，给人以清晰的视觉印象。因此，设计中的文字应避免繁杂零乱，使人易认、易懂，切忌为了设计而设计，文字设计的根本目的是更好、更有效地传达设计者的意图，表达设计的主题和构想。

(2) 赋予文字个性

文字的设计要服从作品的风格特征。文字的设计不能和整个作品的风格特征相脱离，更不能相冲突，否则会破坏文字的诉求效果。

(3) 在视觉上应给人以美感

在视觉传达的过程中，文字作为画面的形象要素之一，具有传达情感的功能，因此它必须具有视觉上的美感，能够给人以美的感受。字型设计良好、组合巧妙的文字能使人感到愉快，给人留下美好的印象，从而获得良好的心理反应；反之，则使人心情不愉快，视觉上难以产生美感，甚至会让浏览者拒而不看，这样势必难以传达设计者想表现的意图和构想。

(4) 在设计上要富有创造性

根据作品主题的要求，突出文字设计的个性色彩，创造独具特色的设计，给人以别开生面的视觉感受，有利于设计者设计意图的表现。设计时，应从文字的形态特征与组合上进行探求，不断修改，反复琢磨，这样才能创造出富有个性的文字，使其外部形态和设计格调都能唤起人们的审美愉悦感受，如图 4-42 和图 4-43 所示。

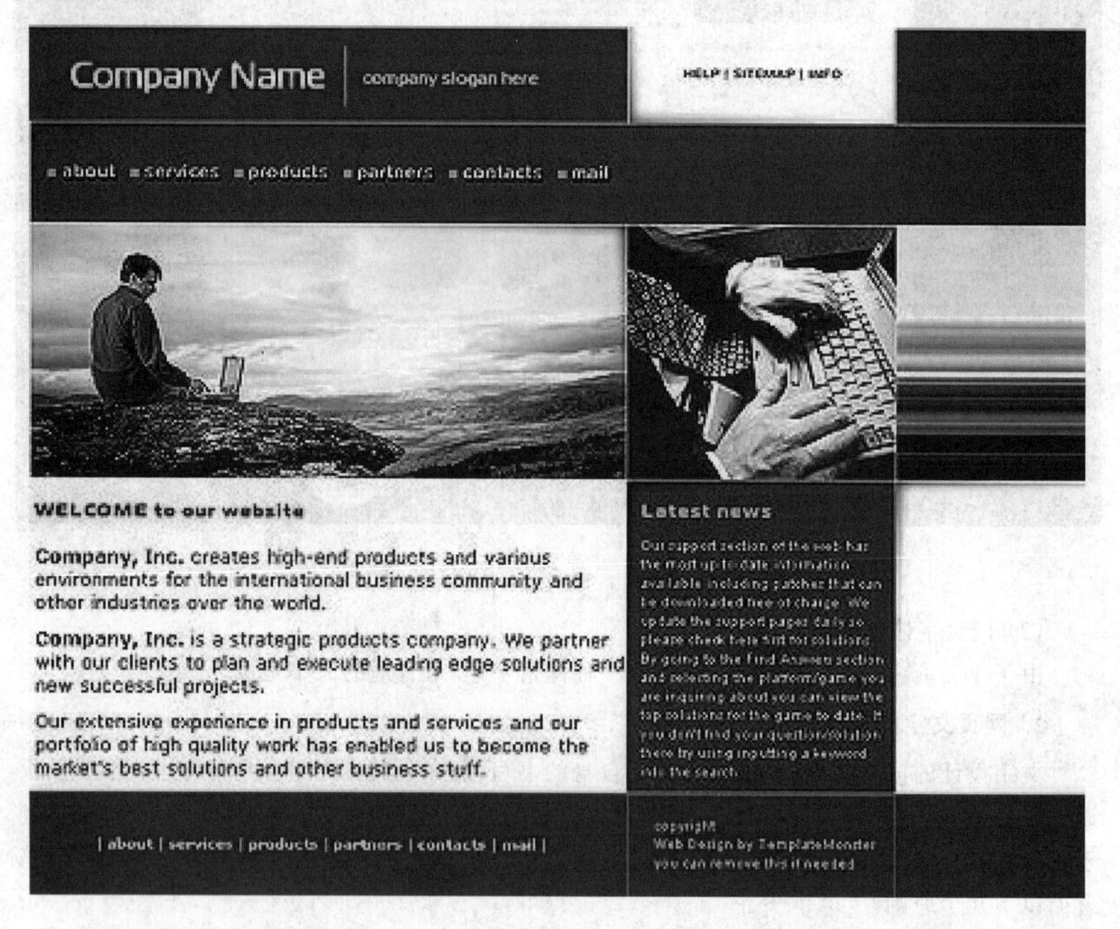

图 4-42

图 4-43

4.1.5　网页的 LOGO 设计

1. 网页 LOGO 的设计规则

网站的标志(LOGO)代表着整个网站乃至公司的形象，网站的标志基本上会出现在整个网站的所有页面中，网站标志设计的重要性不言而喻。现在的 LOGO 越来越具有创意，越来越简单、干净、直接，但这并不影响网站形象，这是互联网潮流趋势和设计理念的动向。好的 LOGO 可以直接代表网站的灵魂，甚至延伸至产品、文化、精神、理念等，好的 LOGO 也刻画出设计者的风范，甚至能体现蕴藏在设计者心中的寄托。下面将介绍目前较流行且较成功的例子。

（1）纯文字

纯文字是最直接的表达方式，如图 4-44 所示。

图 4-44

（2）简洁的文字加上富有创意的矢量图形

如图 4-45 和图 4-46 所示，这类风格的 LOGO 使用最广泛。对一个刚接触设计的设计师而言，选择合适的字体是一件非常困难的事情，要么会觉得每种字体都好，要么会找不到合适的字体。

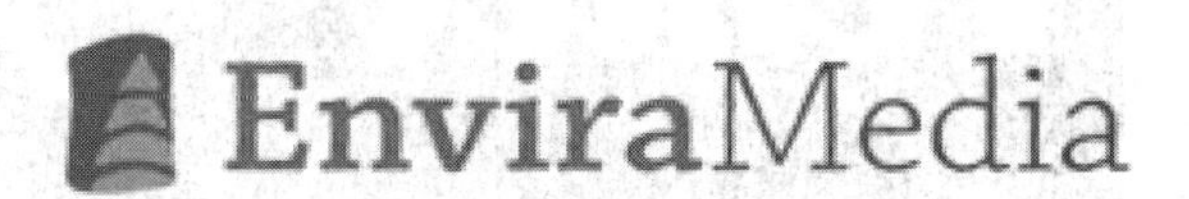

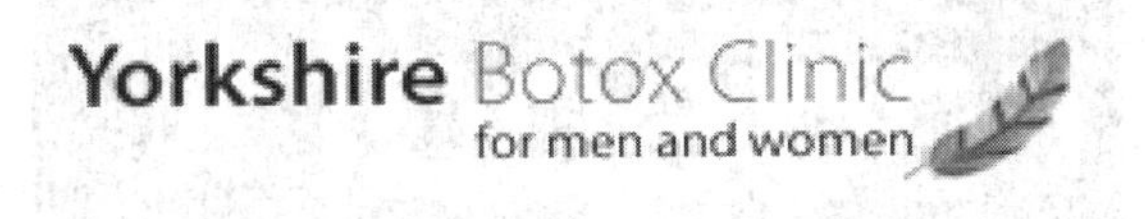

图 4-45

如果 LOGO 中需要设计字体，那么设计师需要多花点时间去尝试不同的字体，最终根据灵感和手法选择字体，在这里笔者只提醒读者 3 点：

网页 LOGO 设计

① 尽量使用一些大众性字体，否则会让人觉得你是外行；

② 不同比例下，必须保证字体的清晰性和易读性；

③ 一旦确定，不要再看其他的字体。

(3) 3D 元素和质感

3D 质感的 LOGO 相对较少，除了流行趋势外，主要和网络产品文化有关，如图 4-47 所示。

(4) 暖色简洁矢量

暖色简洁矢量是博客和个人站点比较常用的风格，如图 4-48 所示。

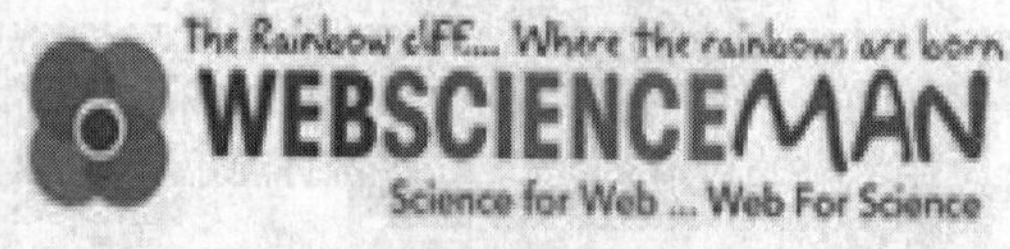

图 4-46

2. 网页 LOGO 的功能和表现形式

LOGO 的应用一直是企业统一化系统导入的基础和最直接的表现形式，其重要性是不言而喻的，网页 LOGO 的设计尤其如此。

图 4-47

图 4-48

(1) LOGO 的功能

作为独特的传媒符号，LOGO 一直是传播特殊信息的视觉文化语言。最早的符合 CIS 精神的 LOGO 实例，是公元前约 433 年陪葬我国楚地的曾侯乙的一只戟上的“曾”字型图标。从古时繁复的欧式徽标、中式龙纹,到现代精炼的抽象纹样、简单字标等,它们都在实现着被标识体的目的,即通过标识的识别、区别,引发联想,增强记忆,促进被标识体与受众的沟通和交流,从而树立并保持受众对被标识体的认知、认同,达到提高认知度、美誉度的效果。

网页 LOGO 的设计应遵循企业统一化系统的整体规律并有所突破。网页 LOGO 的设计中极为强调统一的原则,统一并不是反复利用某一种设计原理,而应该是将其他设计原理(如主导性、从属性、相互关系、均衡、比例、反复、反衬、律动、对称、对比、借用、调和、变异等设计人员熟知的各种原理)正确地应用于设计的完整表现。

网页 LOGO 所强调的辨别性及独特性,导致相关图案、字体的设计要和被标识体的性质有适当的关联,并具有类似风格的造型。网页 LOGO 设计更应注重对事物张力的把握,在浓缩了文化、背景、对象、理念及各种设计原理的基础上,实现最夺目的视觉效果。所以恰到好处地理解用户及 LOGO 的应用对象,是少做无用功的不二法门,不考虑国情和用户的认识水平、对自身设计能力估计不足都是要不得的。

(2) LOGO 的表现形式

作为具有传媒特性的符号,为了在最有效的空间内实现所有的视觉识别功能,LOGO 一般会通过特示图案及特示文字的组合实现对被标识体的出示、说明,从而引起受众的兴趣,达到提高美誉、增强记忆等目的,如图 4-49 所示。

① 特示图案。特示图案属于表象符号,具有独特、醒目的特点,图案本身易被区分、记忆,通过隐喻、联想、概括、抽象等绘画表现方法表现被标识体,对其理念的表达概括而形象,但与被标识体的关联不够直接。受众容易记忆图案本身,但对图案与被标识体的关系的认知需要相对曲折的过程,一旦建立联系,印象会较深刻,对被标识体的记忆相对持久。

图 4-49

② 特示文字。特示文字属于表意符号。在沟通与传播活动中,可反复使用被标识体的名称或产品名,用一种文字形态加以统一。特示文字含义明确、直接,与被标识体的联系密切,易于被理解、认知,对所表达的理念具有说明的作用,但文字的相似性易模糊受众对标识本身的记忆,从而会弱化受众对被标识体的长久记忆。

③ 合成文字。合成文字是一种表象、表意的综合,是指文字与图案相结合的设计,兼具文字与图案的属性,但会导致相关属性的影响力相对弱化,对于不同的对象取向,制作偏图案或偏文字的 LOGO 会在表达时产生较大的差异。

3. 网页 LOGO 设计的历史演变

古代皇家的纹章有条件通过反复的识别性展示使受众了解其蕴含的身份、地位、等级等属性,可以被设计得极尽繁复,但现代人对简洁、明快、流畅、瞬间印象的诉求影响着 LOGO 的设计,所以设计越来越追求一种独特的、高度的洗练,一些已在用户群中留下一定印象的公司、团体为了强化受众的区别性记忆及持续的品牌忠诚,通过设计更独特、更易被理解的图案来强化受众对其既有理念的认同。一些老牌公司在积极更新标识，可口可乐的标识就曾几易其稿。

在设计时应考虑 LOGO 在传真、报纸、杂志等纸介质上的单色效果、反白效果，在织物上的纺织效果，在车体上的油漆效果，制作徽章时的金属效果，墙面立体的造型效果等。

“五子登科”造就了网络时代，其过程为：胆子、点子、票子、脑子、电子。

胆子：先是一批技术精英斗胆创建新的体系。

点子：在该体系中某些方面优秀的高效益的点子（方案）组合。

票子：利用高效益的成熟方案优势吸引资金。

脑子：在规模资金的影响下汇集各方面人才，形成更广泛、更具效益的实体。

电子：在高速运转的电子时代，只能紧随科技的进步而发展，同时要保持前瞻性。在这样的时代，人们往往不屑于过多地权衡，善于捕捉苗头的人容易抢到行动的优势，在飞速发展、紧跟进程的同时，随时调整优化各方面的结构有利于尽早形成高效益的组合。

而对 LOGO 规范的制定有助于在行动之初就对未来的发展有一定的方向上的把握。网页 LOGO 的设计案例如图 4-50～图 4-52 所示。

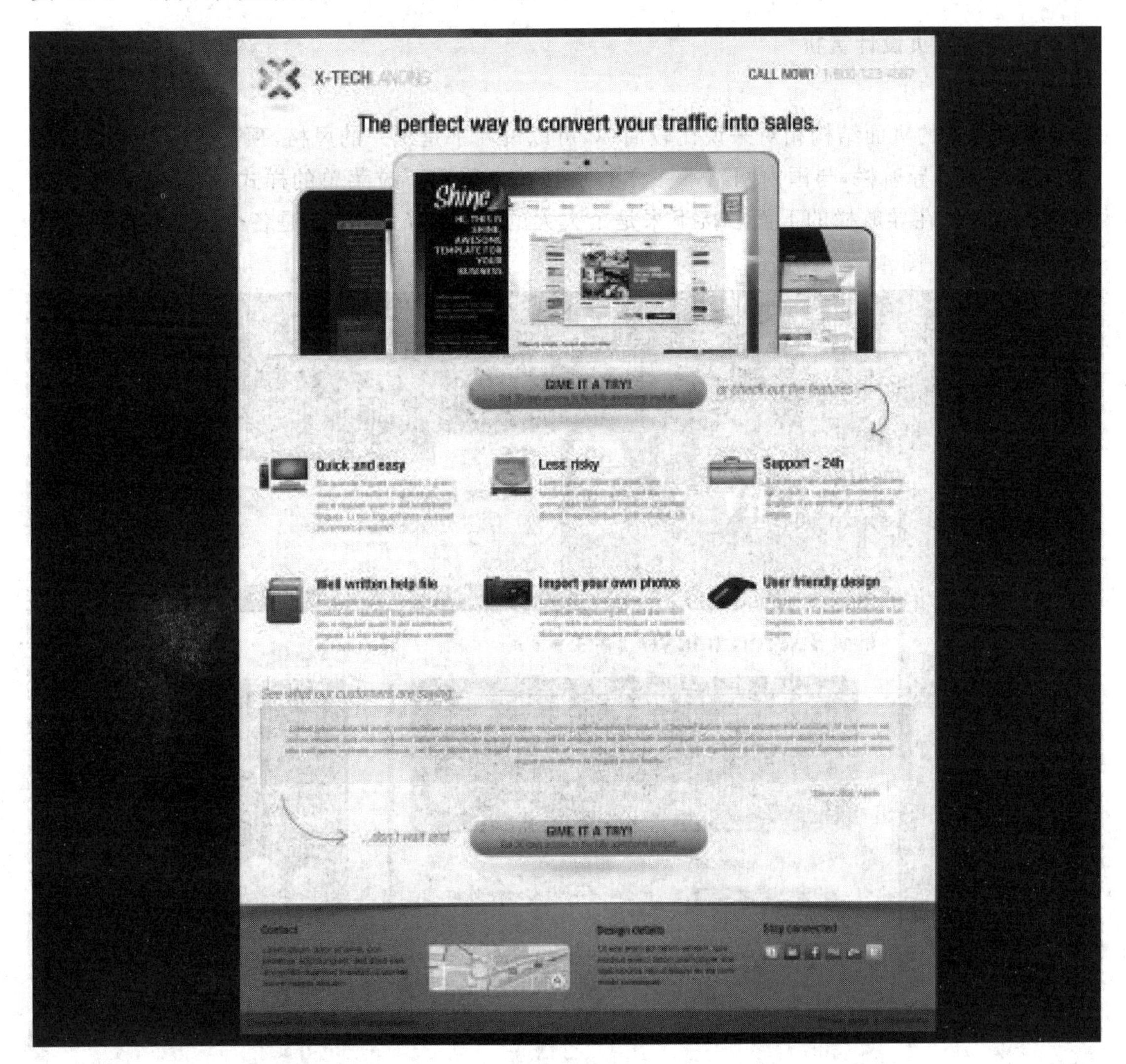

图 4-50

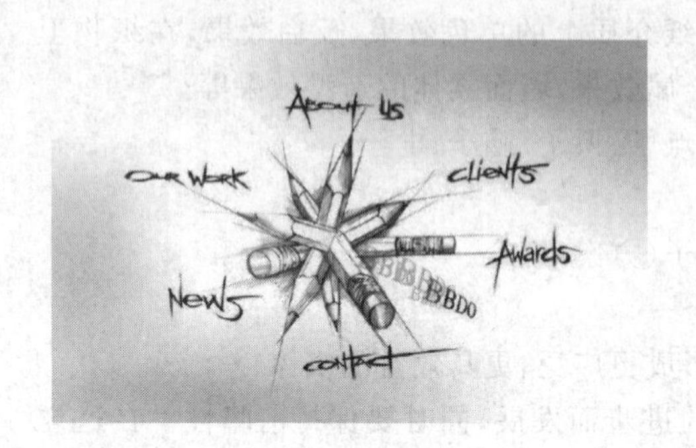

图 4-51

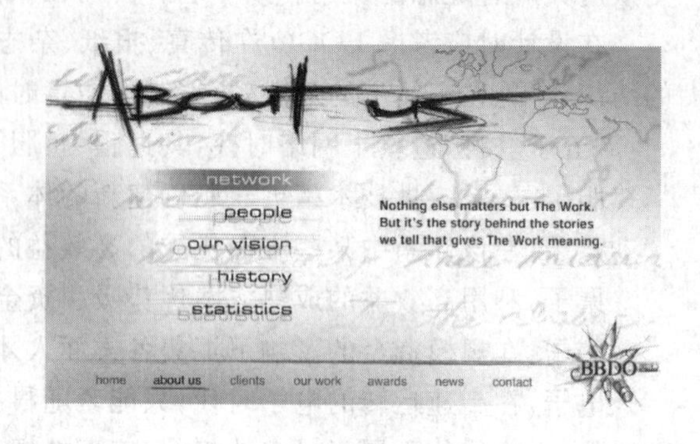

图 4-52

4.1.6 优秀网页设计赏析

1. 韩国网页设计赏析

(1)页面结构

韩国网站的页面结构相对来说比较简单,可以说几乎是统一的风格,顶部的左侧是网站的LOGO,右侧是导航栏,与国内网站不一样的是其甚少采用下拉菜单的样式,而是把各级栏目的下级内容放在导航栏的下面。接下来是个大大的 Flash 条,再往下是各个小栏目的主要内容,如图 4-53~图 4-55 所示。

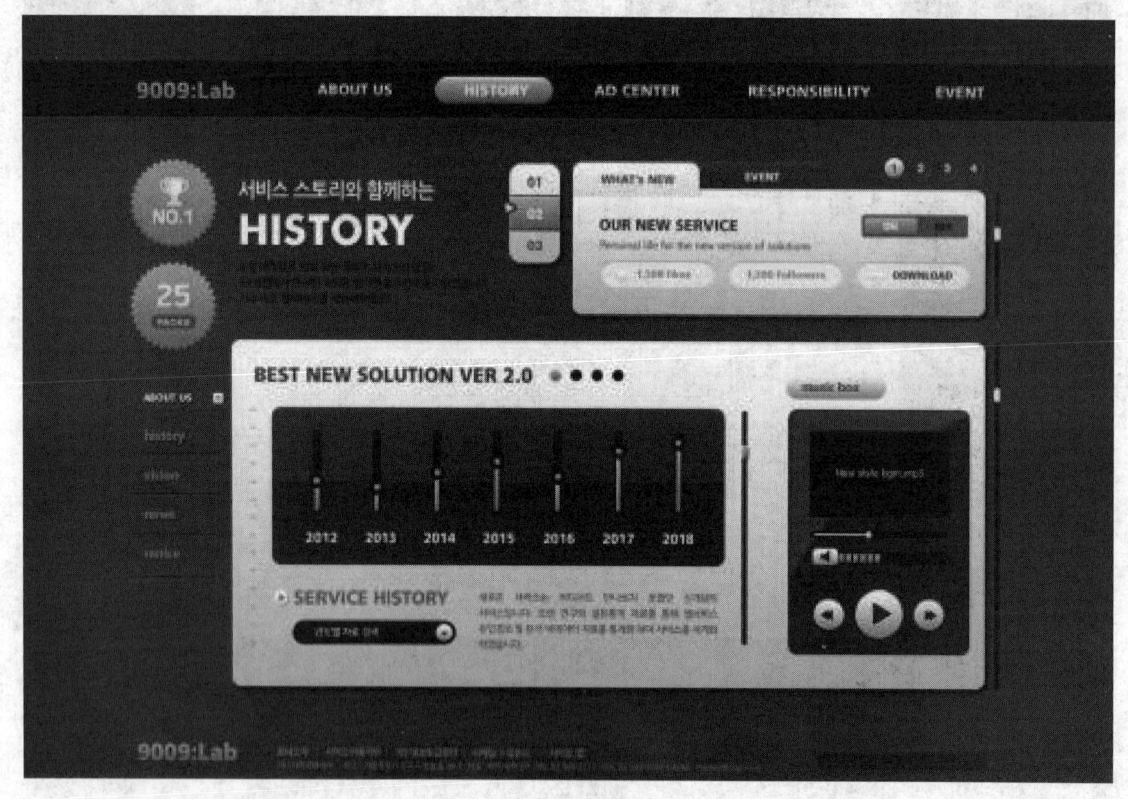

图 4-53

DG
FEEL SO GOOD
Multimedia
세계로 향한 발걸음 시작- DGcompany
사이버홍보실
디자이언트 웹진
05May
HOME
01
02

图 4-54

TalkMan
About TalkMan
"토크맨"
event
체험하기

图 4-55

(2) 色彩运用

韩国的设计师对色彩的运用非常得当,有些在我们看来非常难看的颜色可以被他们轻易地搭配出一种很另类或和谐的美感,给人的感觉要么是淡雅迷人,要么是另类大胆,让人觉得欣赏他们的网站是一个非常愉悦的过程。在笔者看来,韩国的设计师深得 Windows XP 的设计精髓,渐变色以及透明水晶效果用得非常恰当,而不像很多网站滥用仿苹果按钮,和整体风格不协调,显得很突兀。韩国网站的各个栏目一般比较喜欢采用不同的色调来表达不同栏目的主题,灰色是韩国设计师最爱用的颜色,因为灰色比较中庸,能和任何色彩搭配,可大大地改变色彩的韵味,使对比更强烈,正文文字也大多采用灰色,而局部则采用色彩绚丽的色条或色块来区分不同的栏目。

(3) Flash 动画及图片的运用

韩国的宽带普及率很高,所以设计师设计起页面来毫无顾忌,大量的图片、Flash 得到很好的运用,网站里的图片动辄是 40 KB、50 KB 的大图,图片多的页面的大小通常是几百千字节。韩国网站的 Flash Banner 大多以横幅广告条的形式出现在页面的导航栏下面,采用的都是精美的图片或者手绘风格的矢量插图。国内的很多网站也采用大幅的 Flash 广告条,但通常着眼于如何表现 Flash 动画的酷、炫的感觉,使得浏览者过于关注 Flash 而忽视了页面的其他内容。韩国网站的 Flash 则更好地服务于网站的主题,和整个页面搭配起来很和谐而不抢眼,其设计的关键在于整个 Flash 不是全部变化,而是局部在动,以及文字和背景的巧妙配合。韩国网页设计师的手绘能力很强,页面中大量采用手绘的矢量图片,使整个网站显得精致而与众不同。

韩国的网页设计不仅是网页设计,还是出色的动画设计、色彩设计,甚至是一种文化传统的设计,韩国网页设计的特点包括以下几点。

① 在网页设计中使用了大量的且视觉效果比较好的图片(自然高清晰图片或手绘格式的矢量插图),其中包括动画中的图片,因为在韩国宽带网已非常普遍,所选的图片很有代表性,所以韩国设计师设计的作品往往带有很强的视觉冲击力、听觉冲击力甚至动画的交互性。

② 设计得好的成品中,每一个细节都在为整体的效果着想,各个细节累加起来再加上巧妙的搭配,就是一个成功的作品。

③ PS 与 Flash 运用结合得比较好。例如,将图片的透明背景处理导入 Flash 中可以提高作品的亲和力,动画占的页面空间比较大,相对来说,内容罗列变少了,这与国内的大版的内容罗列形成了鲜明的对比。

④ 设计师手绘能力比较强,善于把作品数字化,有相当一部分的作品是手绘的矢量作品。

⑤ 动画创意很不错,动画的动作设计比较合理(主要是合理运用了运动的加速度设计效果),人性化的设计理念被运用到作品中。

⑥ 色彩搭配很和谐。

2. 欧美网页设计赏析

美国作为互联网技术的发源地,其在互联网基础设施建设和网站建设方面都远远早于我国,而欧洲的互联网发展起步也早于我国,其网站建设风格与美国的网站建设风格比较接近,我们将二者统称为欧美风格。欧美风格的特点是:页面简洁紧凑,文字与图片显示相对集中;在图片及文字的布局上,文字明显多于图片,文字标题重点突出;善于应用单独色块对区域及重点内容进行划分;页面执行速度快(当然这与欧美现有的网络硬件设施支持有关),广告宣传作用突出,善于运用横幅的广告动画突出其产品或理念的宣传,整体搭配协调一致。

（1）页面的风格

欧美风格的网站的页面给人的第一印象是简洁、重点突出，页面中文字和图片都相对较少，文字和图片的混排也相对较少，而文字内容描述和图片展示都比较紧凑集中，但关联紧密，使浏览者可以精准地找到自己想要的信息。因为文字能表达的内容更集中准确，除一些娱乐或产品宣传页面或者网络广告会用大幅的动画广告加以宣传外，基本的文字描述都是很精简的，即使是长篇的文章，设计师也会通过段落排版把文章恰当地分成若干部分，从而不会让浏览者感觉到阅读的疲劳，如图 4-56～图 4-59 所示。

图 4-56

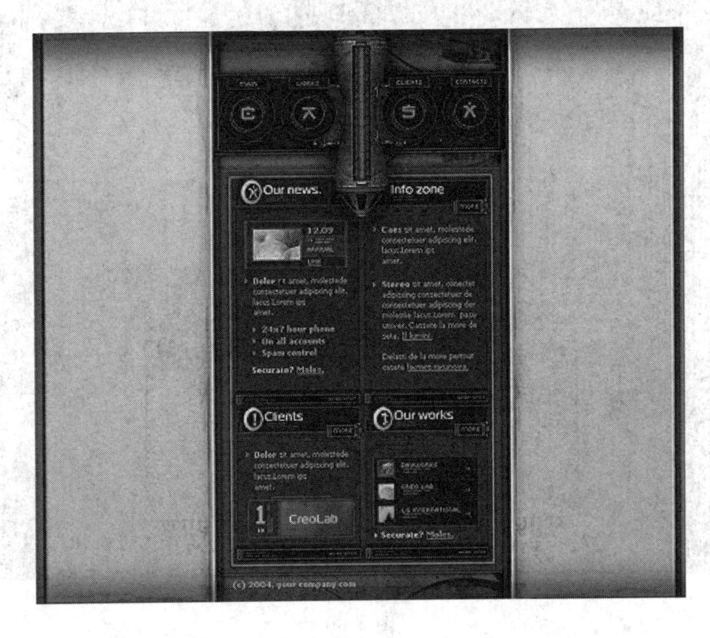

图 4-57

图 4-58

图 4-59

(2) 页面的布局

欧美风格的网站在图片的喻义上很有内涵,图片处理精致细腻,图片区域的划分、区块大小的搭配合理恰当,而且图片一般集中在页面的头部或者中间位置,少有在页面中与区块错落混排的情况。同时,欧美风格的网站上图片的广告作用十分突出,为了突出宣传效果,往往会使用大幅的图片或者动画,这些内容一般也会摆放在页头或者中间这些醒目的位置。文字的位置也很有讲究,一般文字与图片分布在两个区块内,较少使用图文混排的方式,即使使用图文混排的方式,图片与文字的间隔也会大一些。图片和文字说明的分开,可使文字说明的作用更加突出,如图 4-60～图 4-64 所示。

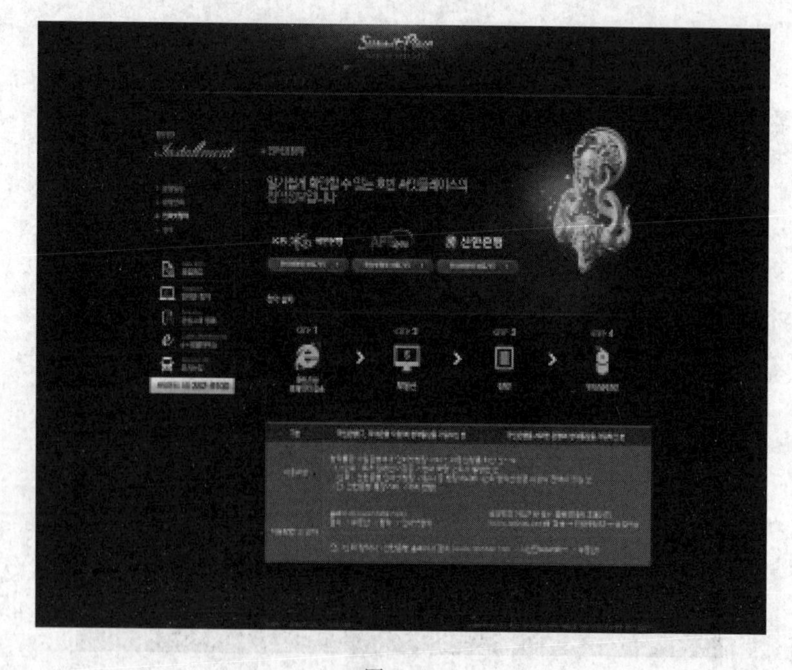

图 4-60

图 4-61

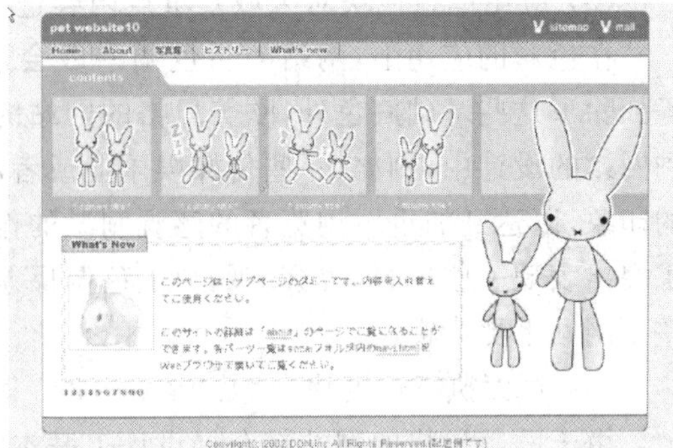

图 4-62

图 4-63

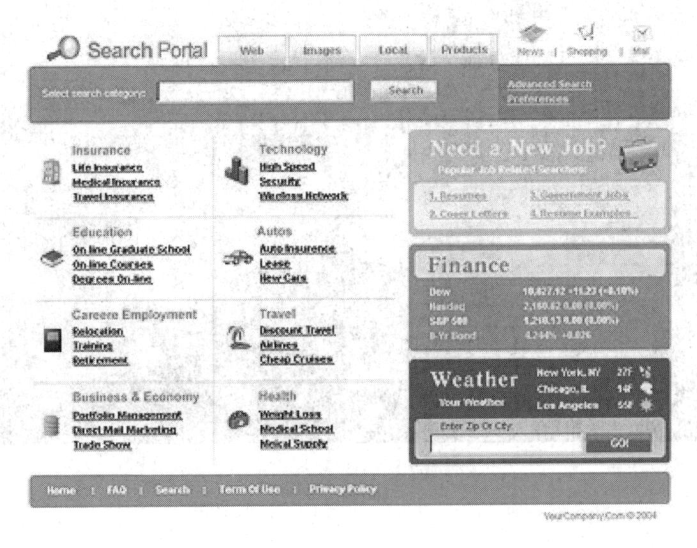

图 4-64

(3) 应用单独色块对区域及重点内容进行划分

在色彩的应用上，网站的主色调一般会选用一些稳重深沉的颜色，如灰色、深蓝色、黑色等。除了这些基础底色外，欧美风格的网站的设计师也会应用一些色彩鲜艳、表现强烈的颜色到网站的设计中，例如，一些传媒娱乐业或者电子产品的宣传网站会应用这些颜色加深浏览者的印象，以达到加重对浏览者的感观刺激的作用，但大体上会使用同一颜色。设计师有时候为了突出表现一些内容，也会应用与主色调反差明显的颜色作为显示内容的底色，从而使内容在整个网站上更为突出。

(4) 页面执行速度快

由于欧美风格的网站在布局设计上基本采用图片与文字搭配简洁、紧凑的布局排版风格，且其文字介绍内容简单明了，图片在分辨率和大小的处理上也比较细腻，较少像韩国网站那样使用大量的动画效果，因此其页面执行速度比较快。

(5) 广告宣传作用突出

欧美地区的互联网建设和网站建设都早于我国，其在网站应用目的上也更为明确。欧美网站对网站宣传也是很重视的，因此，在欧美网站上经常可以看到大幅的广告，其在广告设计和广告放置的位置上也是不遗余力的。欧美网站常用一些与网站整体色系反差大的颜色作为广告图片或广告动画的底色，同时应用醒目的文字标题或喻义明显的图形来表达广告内容。广告一般包括制造企业的产品展示和服务性行业的服务项目及理念的宣传，制造企业的产品包括汽车、电子产品、家居用品、服装、化妆品等，服务性行业包括保险、金融、医疗、保健、教育等行业。欧美网站非常重视广告宣传，这是我国企业类型的网站在建站后较为薄弱的环节，在这一点上，可以多借鉴欧美网站的经验，在设计和制作网站时重视广告的宣传。欧美风格的页面如图 4-65～图 4-68 所示。

图 4-65

图 4-66

图 4-67

图 4-68

(6) 艺术字体的设计及应用

在欧美网站上，我们经常会看到一些企业将企业名称或名称的缩写作为企业的标志（如微软——Microsoft、惠普——HP、通用——GM 等），或者在广告中使用其产品或宣传理念的标题性文字或文字缩写。由于英文字母的构成基本上是线条，英文的艺术字体较多，而且经过处理后所形成的文字和图形相对简单整齐，容易与其他颜色或背景形成统一的效果，可以给人以深刻的印象且容易记忆,因此在网页的设计中会经常使用艺术字体。中文笔画繁多,虽然也有较多的艺术字体形式支持,但是设计起来比较困难,同时不适合网站宣传与国际化接轨的需求,在借鉴欧美风格的网站的设计元素时,应考虑这一点,应以图片化的 LOGO 设计来适应网站设计中的整体效果,如图 4-69 所示。

图 4-69

3. 中国网页设计赏析

中国的网页设计正处于发展时期,中国的网页设计水平是随着社会发展在进步的。互联网在中国的飞速发展和人们的生活密切相关,中国的网页设计也在学习和发展之中。就现在而言,中国的网页设计特点还不算成熟。

在目前的中国,无论是物质产品还是精神产品,广大受众的需求都没有得到满足,所以大家都希望看到更多的产品,这样就形成了"多则好"的消费心理(浏览网站这种消费形式显得更间接),网页设计师在应聘时经常会被问到是否能胜任"大型"网站的设计,即"能不能把页面做得很长"。中国的网页内容多,给人以忙乱的感受,正如我们经常会向别人抱怨自己很忙,以此来显示我们的价值。"多"看似是一种缺陷,但实际上可以给用户以"这个网站的内容丰富,在这里我能得到想要的东西"的感受,尽管很多用户并不会真正关注网页上的内容。正是这种感受吸引着用户,保证着网站的访问量。造成上述网页设计问题的原因并不是设计师没水平或者用户没品位,而是产品不够,表面上的"多"其实是由"少"造成的。用户对内容的需求引导着网页设计，策划人员有意无意地在迎合这样的需求，如图 4-70～图 4-73 所示。

图 4-70

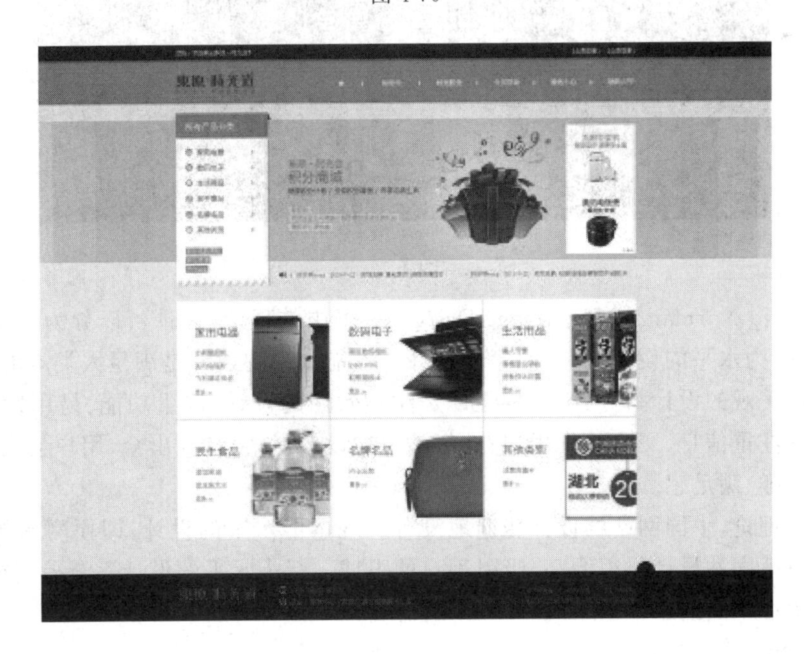

图 4-71

图 4-72

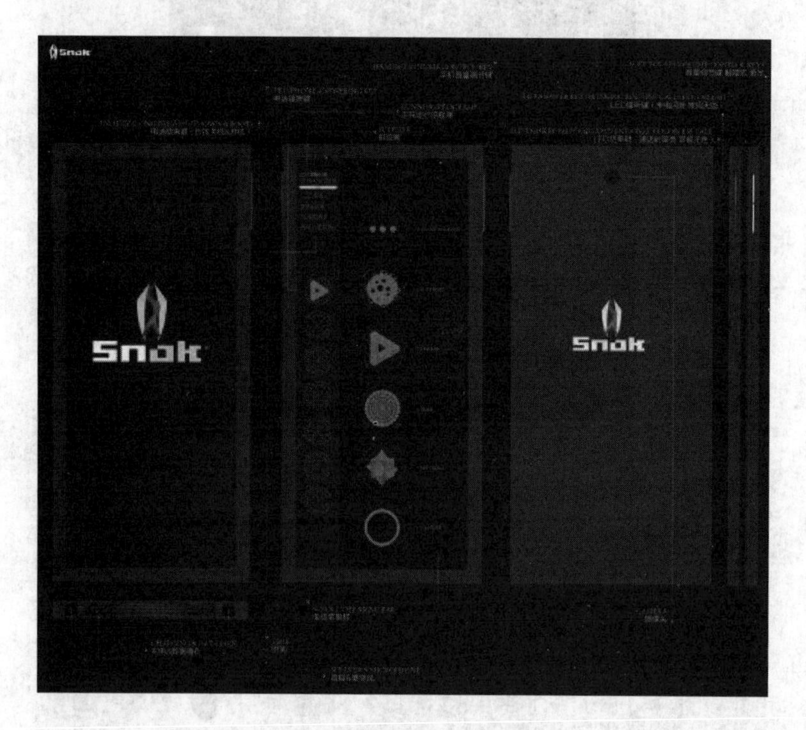

图 4-73

引用 Donald Norman 在 *Emotional Design* 一书中的理论，设计可以分为 3 个层次：本能水平的设计、行为水平的设计、反思水平的设计。本能水平的设计是满足人类本能审美需求的设计，即漂亮、美观的设计；行为水平的设计是注重效用的设计，注重功能、易用性、可用性；反思水平的设计注重信息、文化的作用，一件产品会被设计得很独特、出众，用户会因为使用这个产品而产生乐趣、满足感。

根据上述理论，中国网站的设计普遍地没有实现本能水平的设计，即便网站的主管、设计师本人都希望把网站设计得很漂亮，吸引用户的眼球。行为水平的设计逐渐得到重视，不过目前基本还停留在不高的水平上，如图 4-74 所示。

图 4-74

4.2　网页平面设计实例

本节精选了国外优秀网页设计案例，并对其设计理念及设计过程进行了讲解。

4.2.1　电子商务类网页

1. 设计理念

好的网站色彩设计对树立商家的良好形象、激发客户对商品的兴趣能起到非常重要的作用。一个成功的商务网站在色彩的设置上必须做到与网站主题契合、和谐统一并且吸引人，所以在电子商务类网站的制作中，色彩设计是一个关键的环节。网站的辅色调的视觉面积仅次于主色调的，辅色调用于烘托、支持主色调，起到增强主色调的感染力、使页面更加和谐生动的作用。主页面兼具网站的封面及目录功能，是决定网站风格和吸引浏览者的重要页面，主页面的布局安排在网站设计中具有举足轻重的作用。

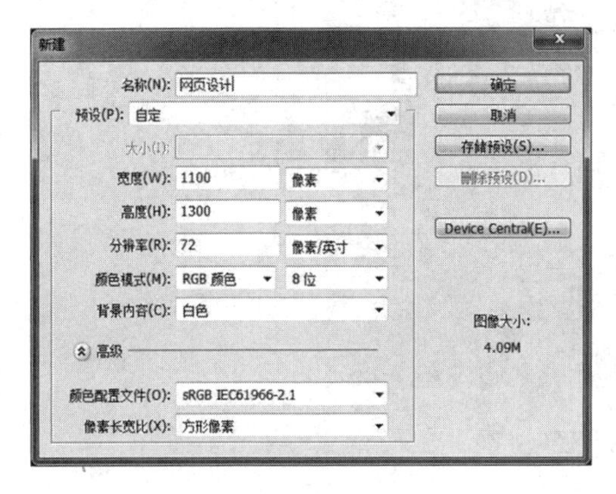

图 4-75

2. 设计过程

① 按“Ctrl＋N”新建文件，在弹出的对话框中，根据需要设置文档形式，单击“确定”按钮，即可新建一个文件，实例大小为 1 100 像素×1 300像素，如图 4-75 所示。

② 使用“渐变工具”(选择线性渐变)绘制背景，如图 4-76 所示。新建一层，在页面上方使用“圆角矩形工具”创建一个圆角矩形，按“Ctrl＋Enter”建立选区，设置前景色为黄色，调整矩形位置，如图 4-77 所示。

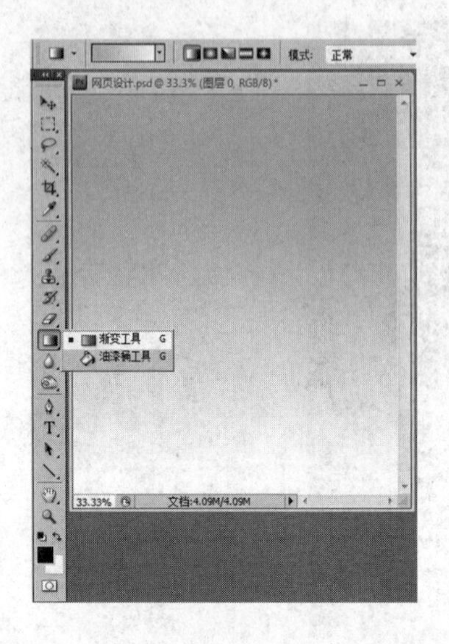

图 4-76

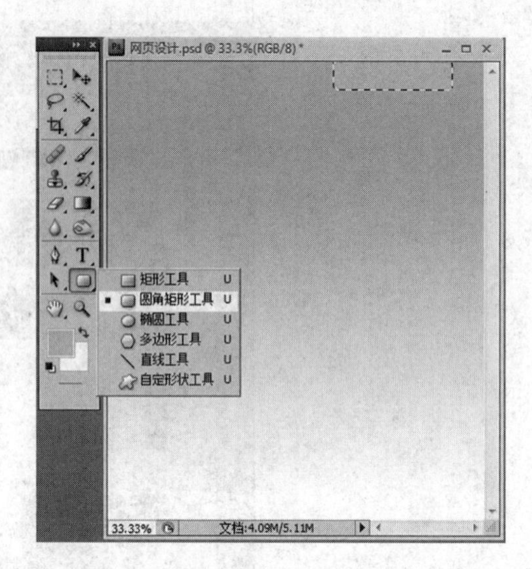

图 4-77

③ 新建一层,使用"圆角矩形工具"创建一个搜索引擎(表单区域),添加图层样式,如图 4-78～图 4-80 所示。

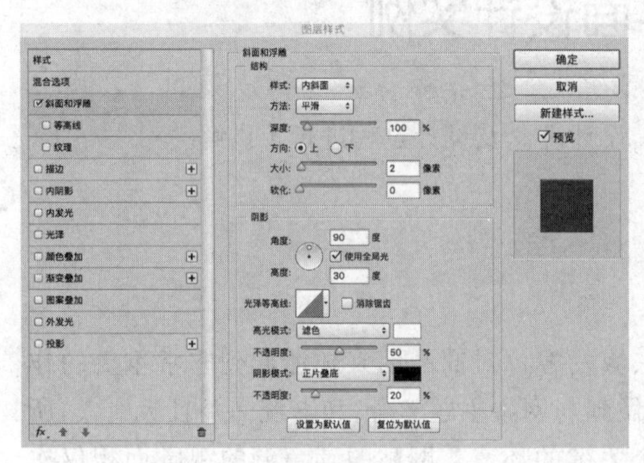

图 4-78

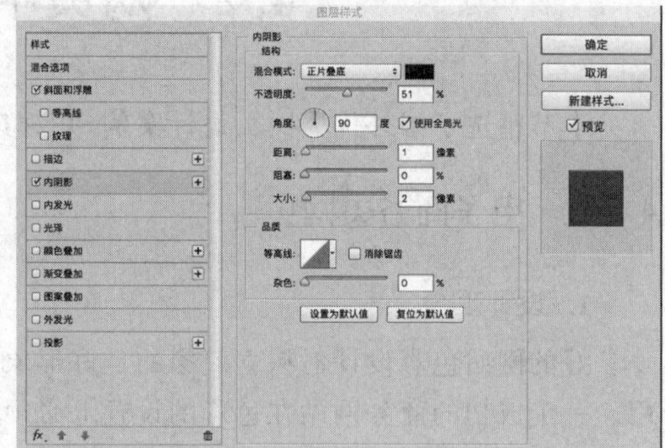

图 4-79

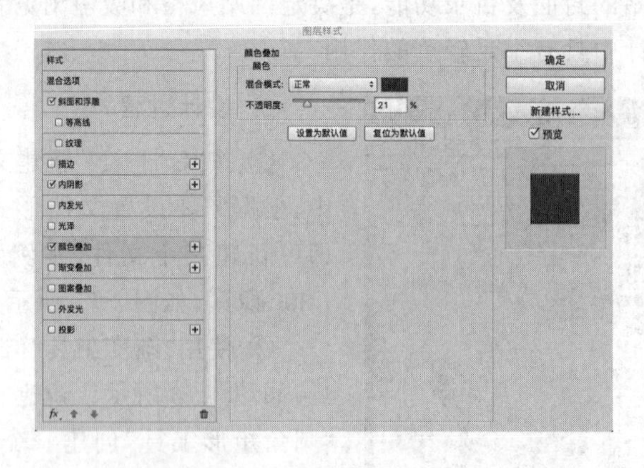

图 4-80

④ 调整位置和大小，加一些小图标，利用“横排文字工具”添加文本，注意字体和大小，如图 4-81 所示。

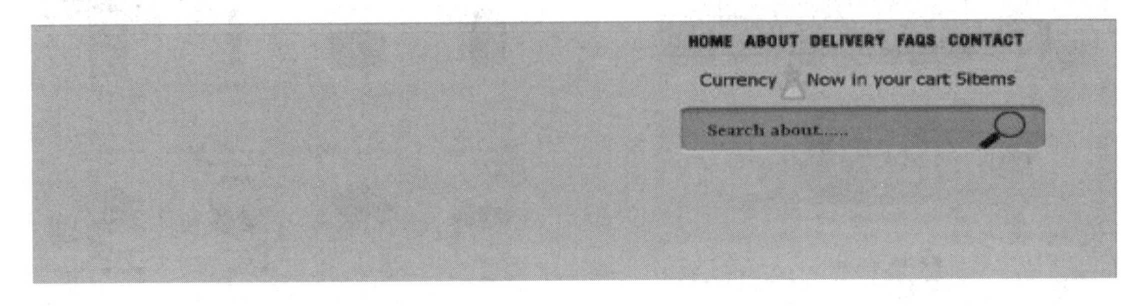

图 4-81

⑤ 使用“圆角矩形工具”创建一个黑色的导航，如图 4-82 所示，如需加渐变效果，可以使用“渐变工具”调节。

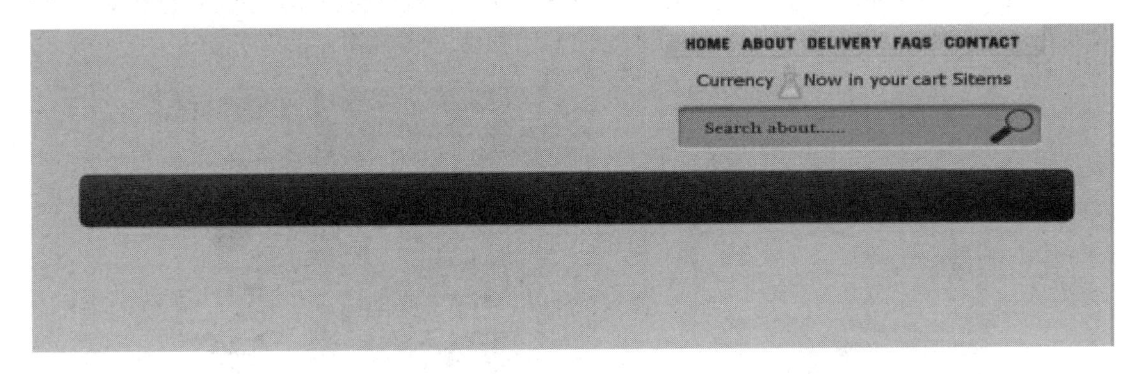

图 4-82

⑥ 使用“矩形工具”创建按钮，填充黄色，在导航中使用“文字工具”添加文本，并调整颜色和字体，如图 4-83 所示。

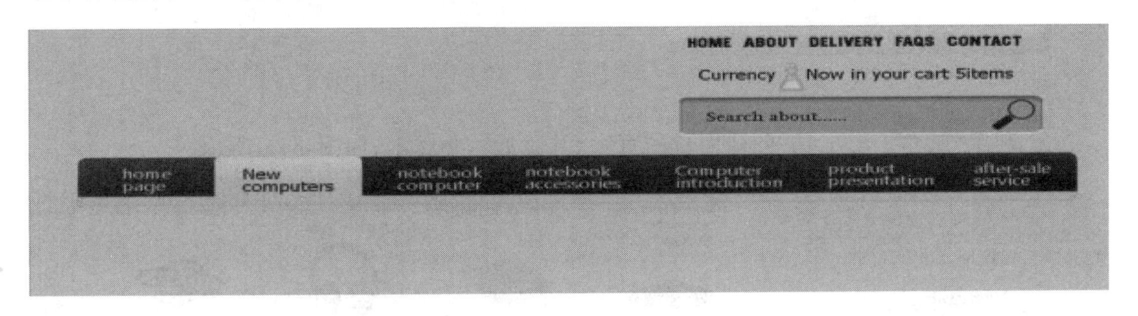

图 4-83

⑦ 制作 Banner，在导航栏中添加一张图片，在 Banner 图片内使用“圆角矩形工具”等添加一些按钮和边框，如图 4-84 所示。

⑧ 在 Banner 下方创建一个区域，用于添加产品图片，随机排列一些图片，图片之间用“直线工具”画一些线条做分割，线条颜色用浅灰色即可，如图 4-85 所示。

图 4-84

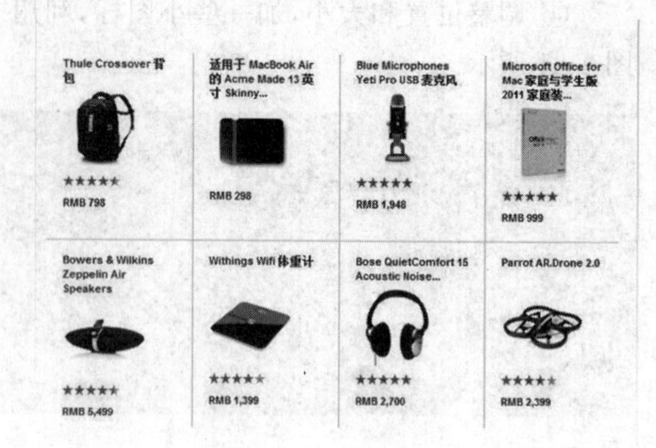

图 4-85

⑨ 接下来在左侧制作竖排导航，利用“圆角矩形工具”绘制网页标题，填充黄色和灰色，调整灰色块透明度为 20%，添加一些文本和浅灰色线，如图 4-86 和图 4-87 所示。

图 4-86

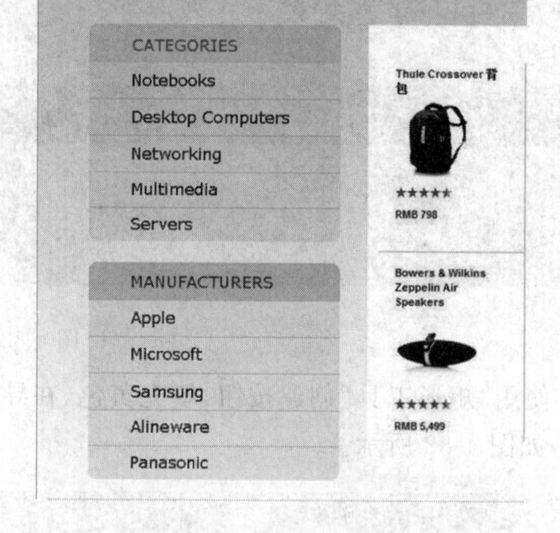

图 4-87

⑩ 利用“圆角矩形工具”创建简单的页脚，并添加一些文本，如图 4-88 所示。

图 4-88

⑪ 创建 LOGO，通常情况下，网站的 LOGO 下会有对应的标语，视个人需求而定，如

图 4-89 所示。

图 4-89

⑫ 调整各图层顺序，最终得到的效果如图 4-90 所示。

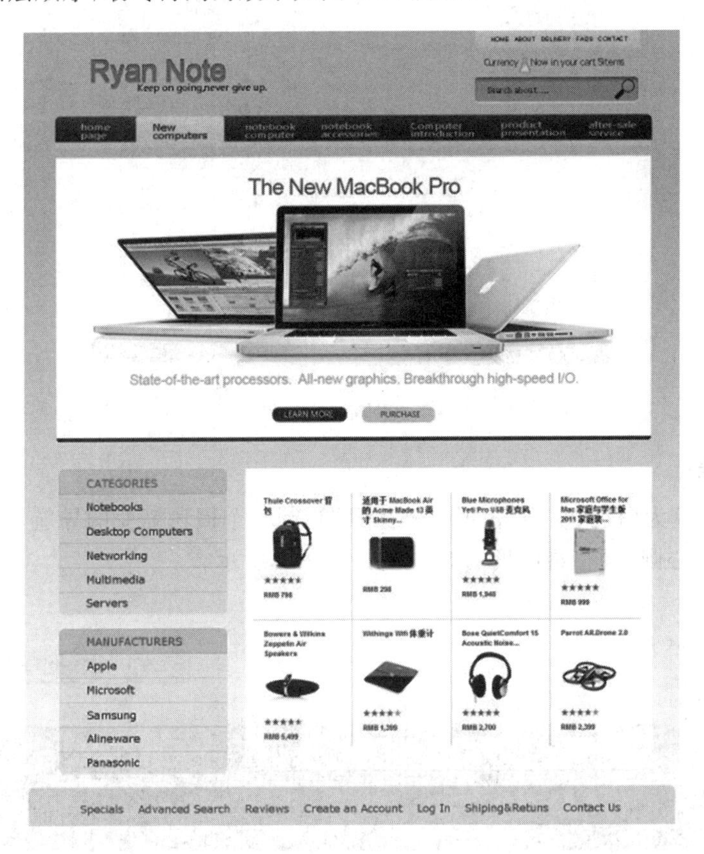

图 4-90

4.2.2　女性产品类网页

1. 设计理念

一个成功的网站在色彩的设置上必须做到：第一，与网站主题契合，第二，能和谐统一并且吸引人。所以在女性系列网站制作中，主色调大部分是暖色调，如粉色、橙色、紫色等，可以突出女性可爱、柔美、性感等形象。图 4-91 所示的实例中将白色作为主色调，将橙色作为辅助色，体现了女性的纯洁、活力、热情，此实例运用了骨骼型排版方式，这种版式可以给人以和谐、理性的美。

图 4-91

2. 设计过程

① 设置背景色为白色，利用“矩形选框工具”绘制一个橙色渐变的导航，并利用“椭圆选框工具”绘制几个同心圆，调整透明度为 30%，如图 4-92 所示。

图 4-92

② 在导航上方添加一些文本，并做一个简单的 LOGO，如图 4-93 所示。

③ 在导航左侧创建一个侧边栏，利用“钢笔工具”画一个色块，添加一些文本，如图 4-94 所示。将矢量插画人物拖入，调整大小，如图 4-95 所示。

图 4-93

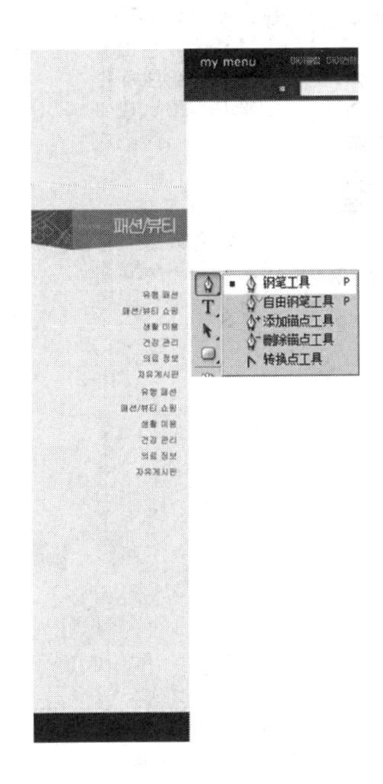

图 4-94　　　　　　　　　　　　图 4-95

④ 在导航下添加文本,并利用"直线工具"画一些浅灰色的线做分割,再适当地添加一些图标,如图 4-96 所示。

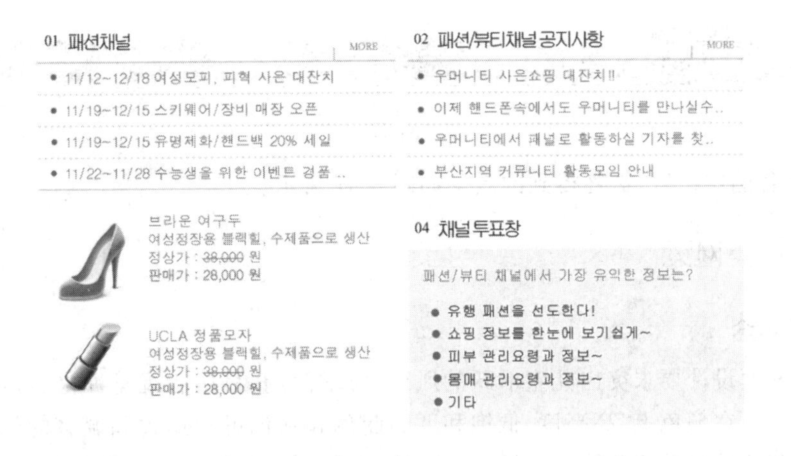

图 4-96

⑤ 用同样的方法制作余下的内容,并适当地添加一些图标,调整好大小和颜色,如图 4-97 所示。

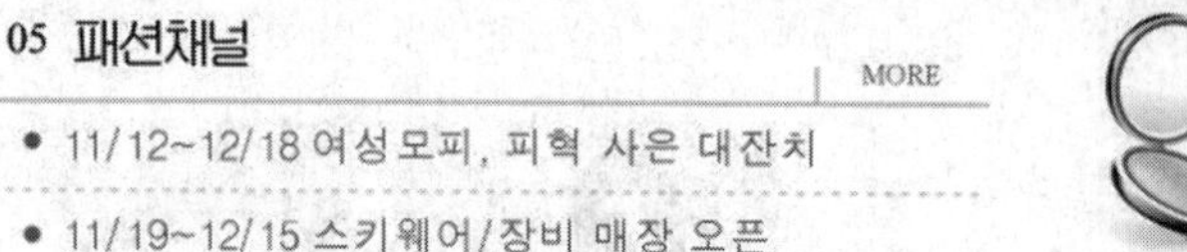

图 4-97

⑥ 利用“矩形工具”创建简单的底部导航栏,并添加一些文本,如图 4-98 所示。

图 4-98

⑦ 调整各图层位置,最终得到的效果如图 4-91 所示。

4.2.3 儿童类网页

1. 设计理念

儿童类网页设计要求突出儿童活跃的风格,要求简约大气,有视觉冲击力,可以获得家长和孩子的认可。在颜色上,高亮度、低饱和度的蓝色和绿色可营造柔和温馨的气氛,重要信息部分可用饱和度较高的蓝色跳出。插入一些插画可增加梦幻、可爱的气氛。导航的圆形边缘更能凸显儿童的活泼和活力,如图 4-99 所示。

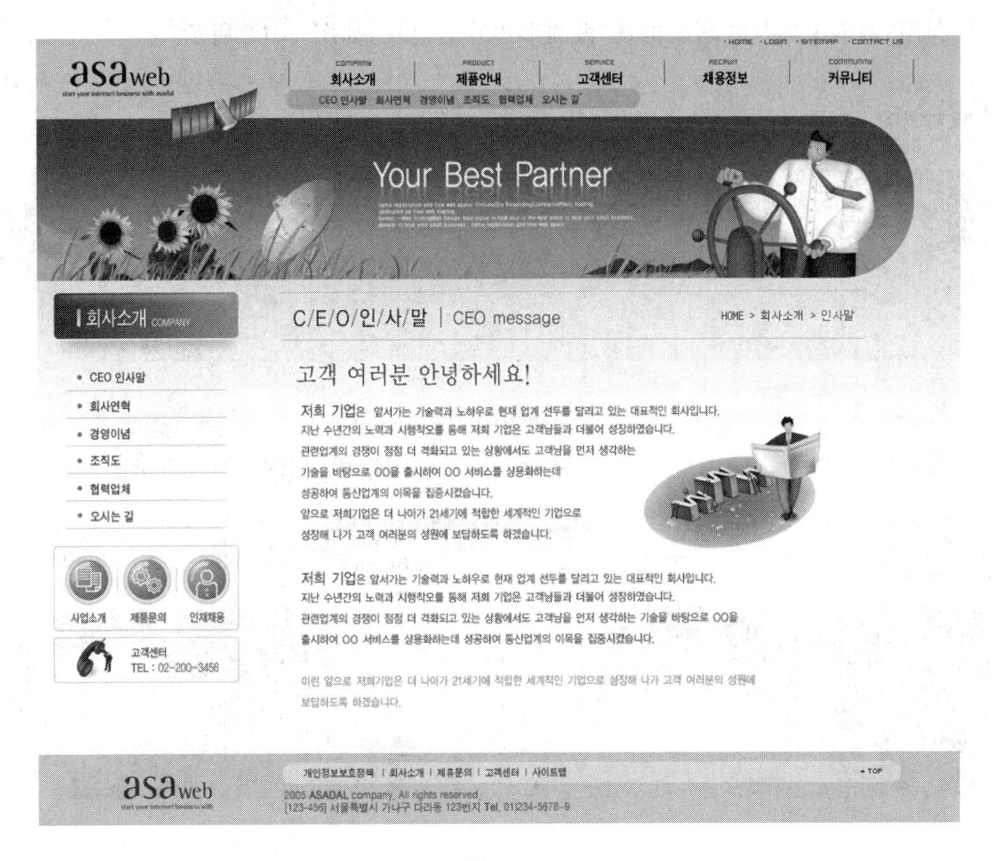

图 4-99

2. 设计过程

① 利用“渐变工具”新建一个米色背景，用“圆角矩形工具”创建一个圆角矩形，如图 4-100 所示。

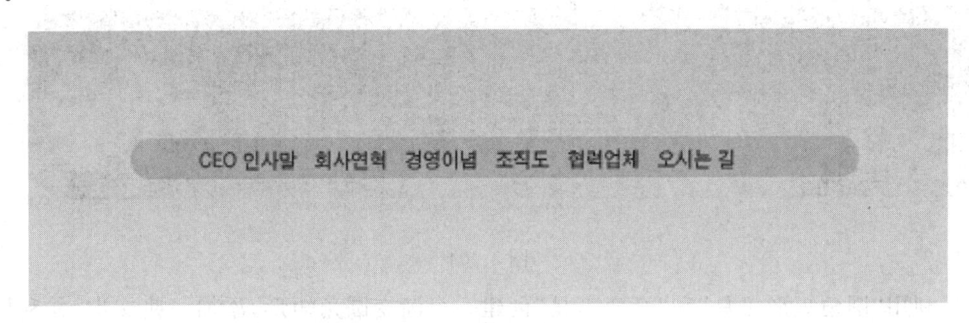

图 4-100

② 在导航上方添加一些文本，并做一个简单的 LOGO，如图 4-101 所示。

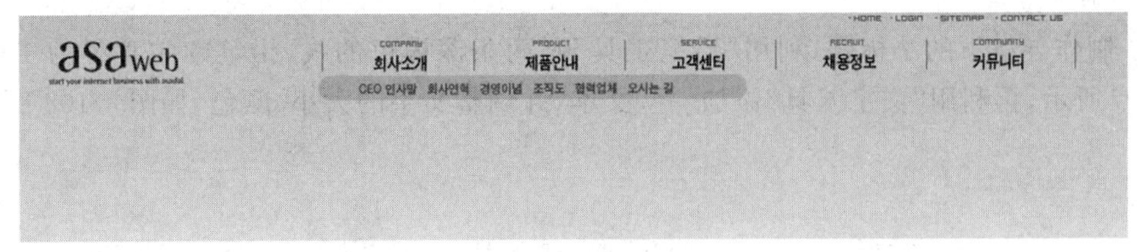

图 4-101

③ 利用“钢笔工具”和“渐变工具”做圆形边缘的色块，如图 4-102 所示。

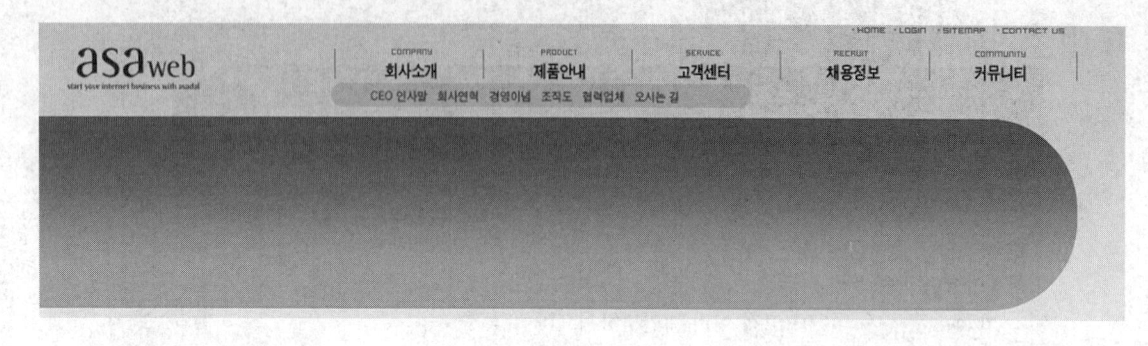

图 4-102

④ 按住“Alt”键单击两图层中间，把素材嵌入蓝色图层中，如图 4-103 所示。

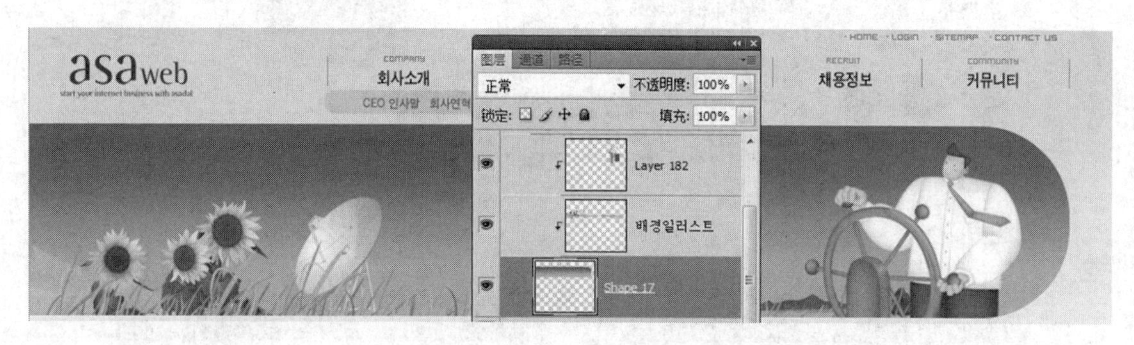

图 4-103

⑤ 利用“文字工具”在图片上添加文字，并调整字体和大小，如图 4-104 所示。

图 4-104

⑥ 利用“圆角矩形工具”和“渐变工具”创建一个渐变圆角矩形，添加一些文本，并利用“画笔工具”添加圆点和分割线，如图 4-105 所示。

⑦ 利用“圆角矩形工具”画两个矩形框，添加一些文本和分割线，并调整好位置，如图 4-106 所示。

⑧ 制作导航下的小标题，利用“铅笔工具”画两条深褐色的线，铅笔的主直径为 1 px，如图 4-107 所示，再利用“文字工具”添加一些文本，并调整文字的大小、颜色，如图 4-108 所示。

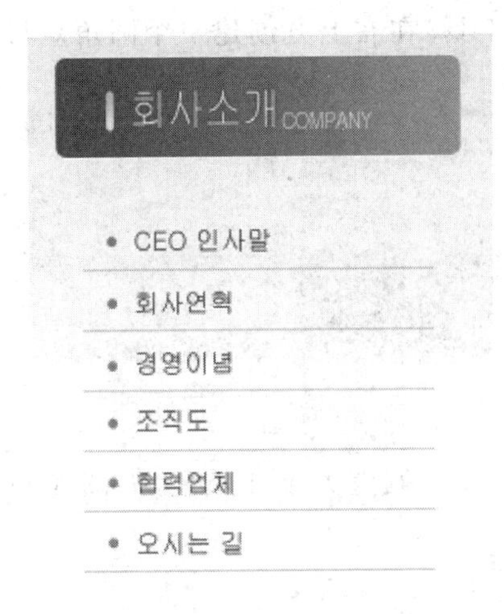

회사소개 COMPANY
CEO 인사말
회사연혁
경영이념
조직도
협력업체
오시는 길

图 4-105

사업소개
제품문의
인재채용
고객센터
TEL : 02-200-3456

图 4-106

主直径
1 px
硬度:
100%
1
3
5
9
13
19

图 4-107

C/E/O/인/사/말 | CEO message

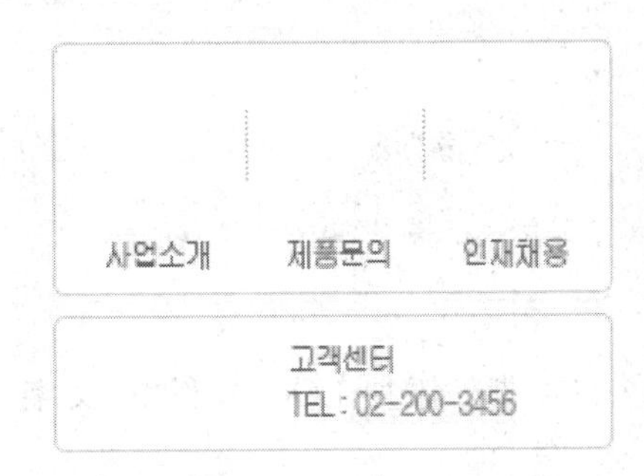

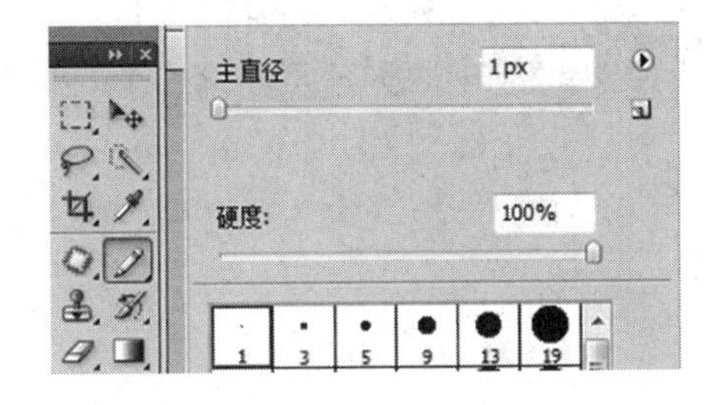

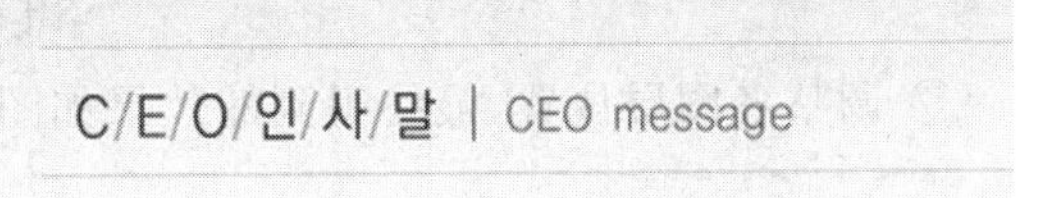

图 4-108

⑨ 利用“文字工具”添加一些文本，调整位置，如图 4-109 所示。

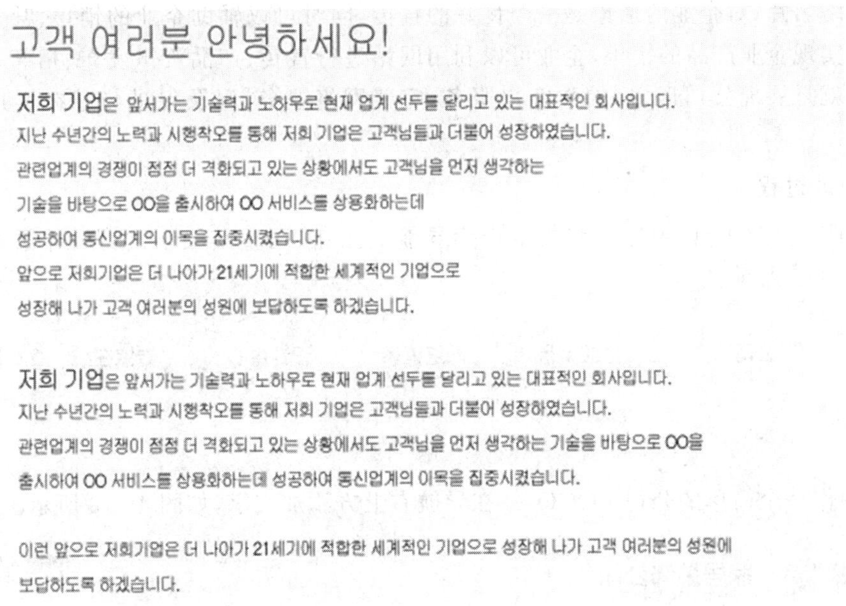

고객 여러분 안녕하세요!
저희 기업은 앞서가는 기술력과 노하우로 현재 업계 선두를 달리고 있는 대표적인 회사입니다.
지난 수년간의 노력과 시행착오를 통해 저희 기업은 고객님들과 더불어 성장하였습니다.
관련업계의 경쟁이 점점 더 격화되고 있는 상황에서도 고객님을 먼저 생각하는
기술을 바탕으로 OO을 출시하여 OO 서비스를 상용화하는데
성공하여 통신업계의 이목을 집중시켰습니다.
앞으로 저희기업은 더 나아가 21세기에 적합한 세계적인 기업으로
성장해 나가 고객 여러분의 성원에 보답하도록 하겠습니다.
저희 기업은 앞서가는 기술력과 노하우로 현재 업계 선두를 달리고 있는 대표적인 회사입니다.
지난 수년간의 노력과 시행착오를 통해 저희 기업은 고객님들과 더불어 성장하였습니다.
관련업계의 경쟁이 점점 더 격화되고 있는 상황에서도 고객님을 먼저 생각하는 기술을 바탕으로 OO을
출시하여 OO 서비스를 상용화하는데 성공하여 통신업계의 이목을 집중시켰습니다.
이런 앞으로 저희기업은 더 나아가 21세기에 적합한 세계적인 기업으로 성장해 나가 고객 여러분의 성원에
보답하도록 하겠습니다.

图 4-109

⑩ 利用“矩形工具”创建一个矩形，再利用“圆角矩形工具”在右上方创建一个圆角矩形，如图 4-110 所示。

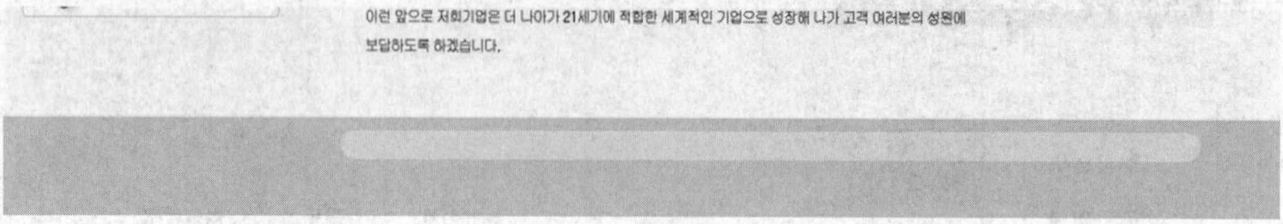

图 4-110

⑪ 在页脚处添加 LOGO，利用“文字工具”添加一些文本，调整大小和颜色，如图 4-111 所示。

图 4-111

⑫ 调整各图层位置，最终得到的效果如图 4-99 所示。

4.2.4 企业宣传类网页

1. 设计理念

企业宣传网站是企业在互联网上进行网络建设和形象宣传的平台。企业网站相当于一个企业的网络名片，对企业的形象是一个良好的宣传，同时可以辅助企业的销售，甚至可以通过网络直接实现企业产品的销售，企业可以利用网站进行宣传、产品资讯发布、招聘等。企业网站的作用就是展现公司形象，加强客户服务，完善网络业务，以及促进与潜在客户建立商业联系。

2. 设计过程

① 利用“文字工具”添加一些文本作为导航的按钮，调整其大小、位置，并添加对应的英文，如图 4-112 所示。

图 4-112

② 制作一个简单的公司 LOGO，并在导航右上方添加文字，如图 4-113 所示。

图 4-113

③ 打开一张图片，将其裁切成合适的大小，在右下角利用“矩形工具”画 5 个方形并添加文字，如图 4-114 所示。

图 4-114

④ 利用“矩形工具”画一个矩形做背景，再新建一层，画一个矩形，在路径菜单里右击选择“描边路径”，画一个灰色的边框，如图 4-115 和图 4-116 所示。

图 4-115

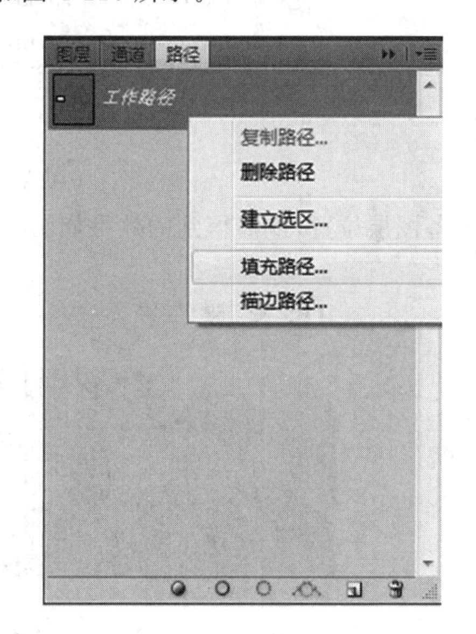

图 4-116

⑤ 利用相同的方法做 5 个一样的边框，然后利用“铅笔工具”画分割线，再添加图片并调整其大小，如图 4-117 所示。

图 4-117

⑥ 利用“矩形工具”画 4 个等大的矩形做照片的底。

⑦ 添加照片和文本，调整其大小和位置，如图 4-118 所示。

图 4-118

⑧ 利用“矩形工具”和“文字工具”做一个简单的底部导航栏，如图 4-119 所示。

图 4-119

⑨ 调整各图层位置，最终得到的效果如图 4-120 所示。

图 4-120

4.2.5　清新简约风格的网页

1. 设计理念

对于清新简约风格的网页，最重要的是注重主色调和布局，颜色运用上要清新自然，不要用过于鲜艳的颜色，布局上要简洁明了，让人一目了然，不要过于烦琐。

2. 设计过程

① 利用“矩形工具”画一个黑色导航栏，再利用“画笔工具”(如图 4-121 所示)画出导航栏上的光晕，调整透明度，再添加一些文本，如图 4-122 所示。

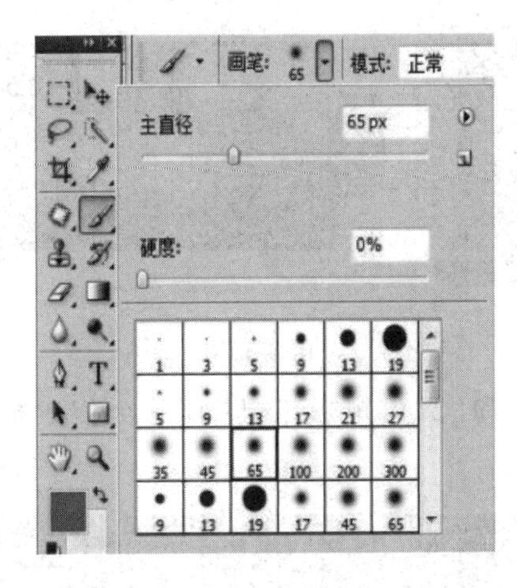

图 4-121

图 4-122

② 利用“钢笔工具”画一个图片展示框，背景填充黑色，再打开一张图片，并调整其大小，如图 4-123 和图 4-124 所示。

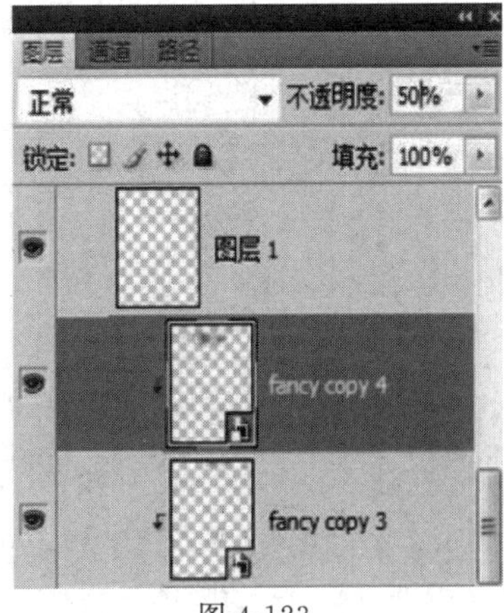

图 4-123

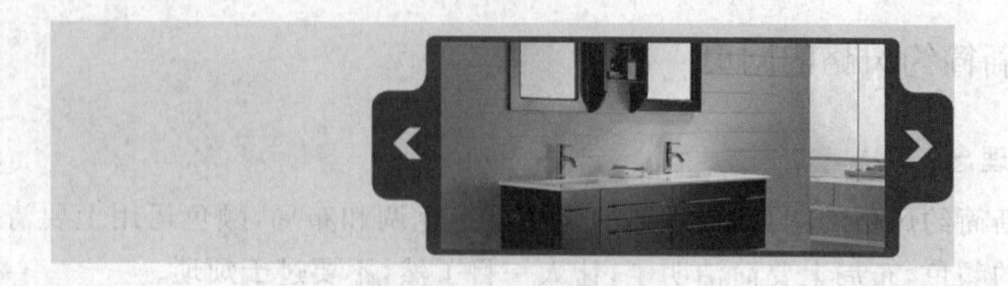

图 4-124

③ 利用“钢笔工具”画一个蓝色侧边栏，再利用“圆角矩形工具”画一些圆角矩形，添加内阴影，最后添加一些文本和树叶素材，如图 4-125 所示。

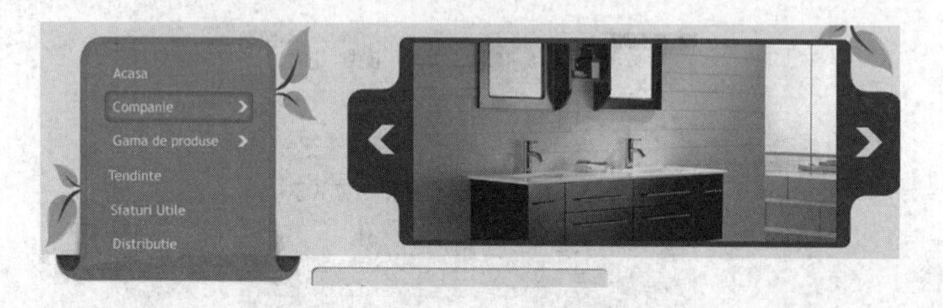

图 4-125

④ 利用做导航栏的方法和“圆角矩形工具”画一个搜索框，添加一些图标和文本，如图 4-126 所示。

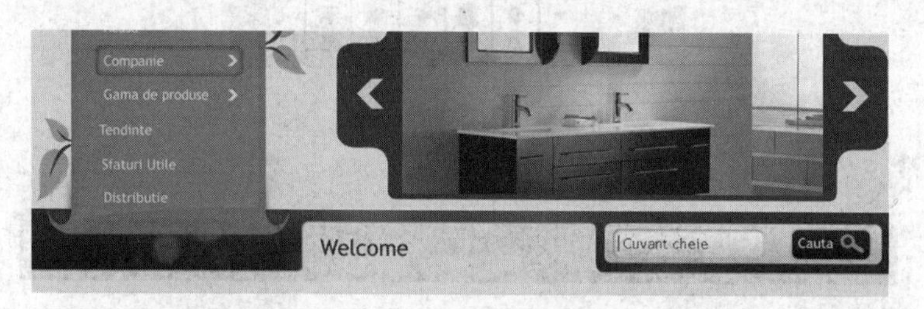

图 4-126

⑤ 利用“圆角矩形工具”画圆角矩形，再利用“钢笔工具”添加蓝色标题，然后添加一些文本、分割线和图标，如图 4-127 和图 4-128 所示。

图 4-127

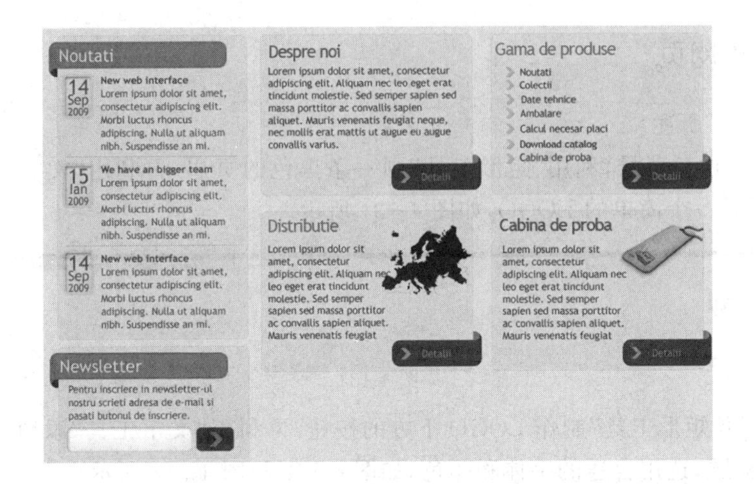

图 4-128

⑥ 利用“钢笔工具”和“矩形工具”做一个简单的页脚，如图 4-129 所示。

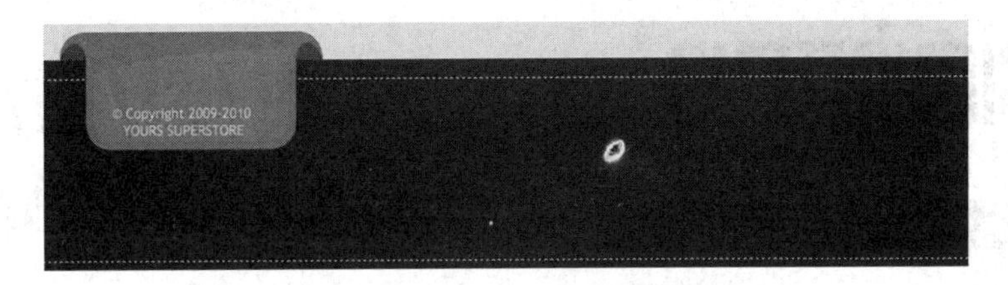

图 4-129

⑦ 调整各图层位置，最终得到的效果如图 4-130 所示。

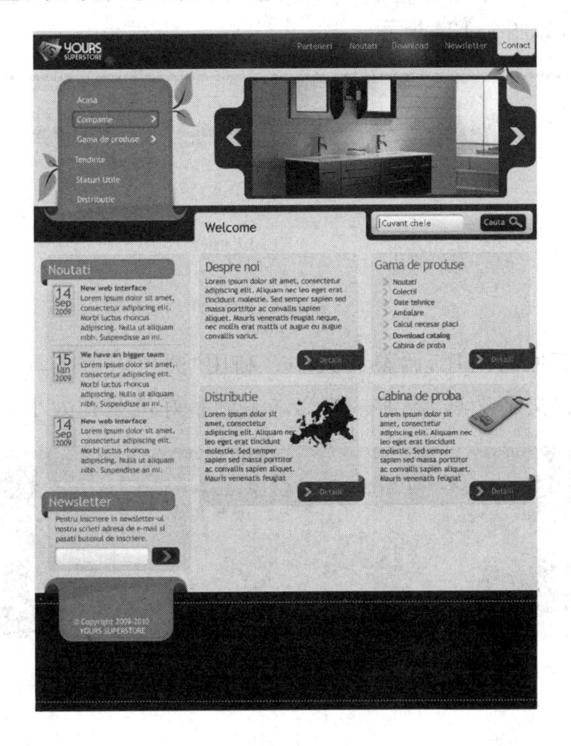

图 4-130

4.2.6 旅游类网页

设计过程如下所述。

① 新建一个白色背景，利用"矩形工具"画一条黑色的页眉，再利用"文字工具"输入一些按钮名称，然后做一个简单的 LOGO，如图 4-131 所示。

图 4-131

② 利用"圆角矩形工具"制作 LOGO 下方的按钮，再利用"文字工具"添加一些按钮名称，然后做一个大标题，选用合适的字体和颜色，如图 4-132 和图 4-133 所示。

图 4-132

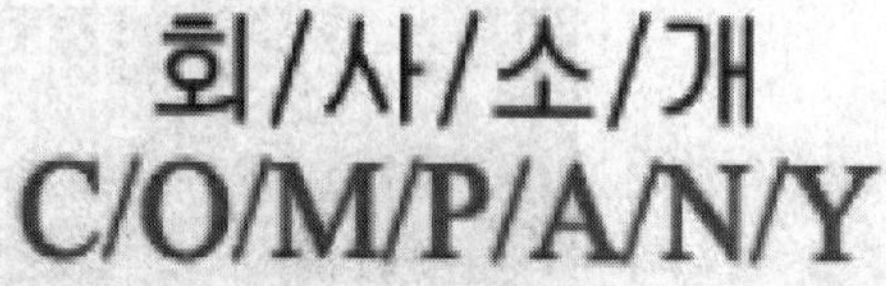

图 4-133

③ 利用"铅笔工具"和"矩形工具"画一个灰色的色块和一些线条把导航栏分割开，增加形式感，并添加一些名称，如图 4-134 所示。

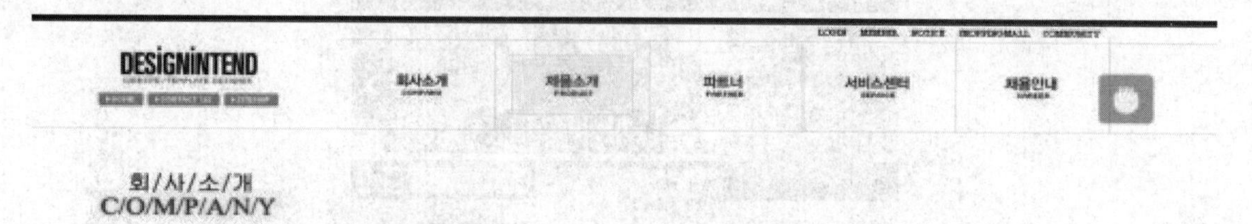

图 4-134

④ 添加一张蓝天草原的图片，调整其大小。利用"圆角矩形工具"画一个白色导航条，调整透明度为 60%，利用"文字工具"添加一些文本并调整好位置和大小，如图 4-135 所示。

图 4-135

⑤ 做一个侧边栏。新建图层，利用"圆角矩形工具"画一个圆角的边框和一个灰色的圆角

矩形,然后添加一些文字和图形,如图 4-136 和图 4-137 所示。

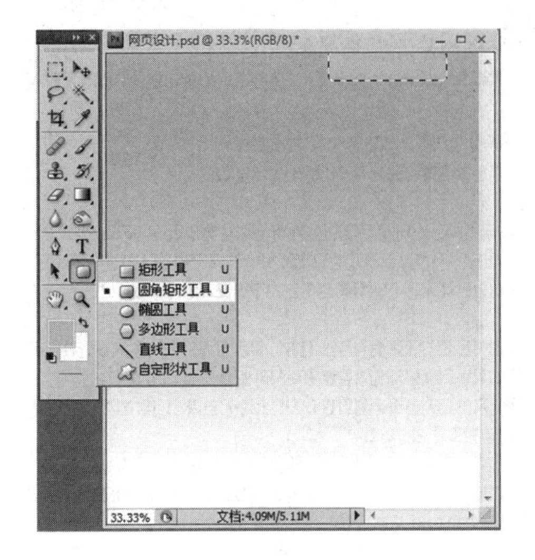

图 4-136

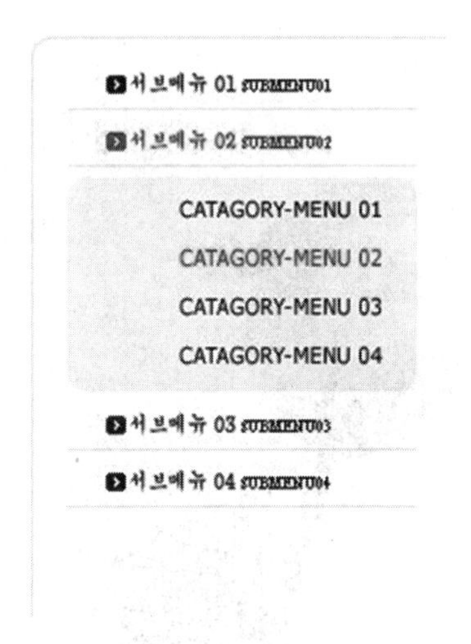

图 4-137

⑥ 利用“矩形工具”画一个灰色的边框,再利用“文字工具”添加一些文本,调整文字大小并添加一些小图标,如图 4-138 和图 4-139 所示。

图 4-138

图 4-139

⑦ 利用“矩形工具”制作页眉,再利用“文字工具”添加一个标题和一些按钮名称,如图 4-140 所示。

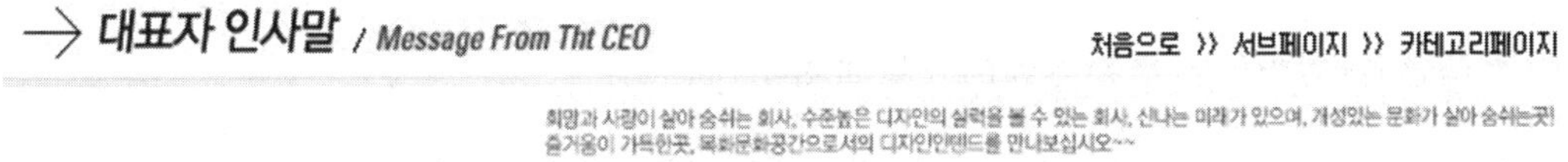

→ 대표자 인사말 / Message From Tht CEO

처음으로 ›› 서브페이지 ›› 카테고리페이지

图 4-140

⑧ 打开一张图片并将其裁切成圆角,如图 4-141 所示,再利用“文字工具”输入一段文本,调整文字的大小及位置,如图 4-142 所示。

图 4-141

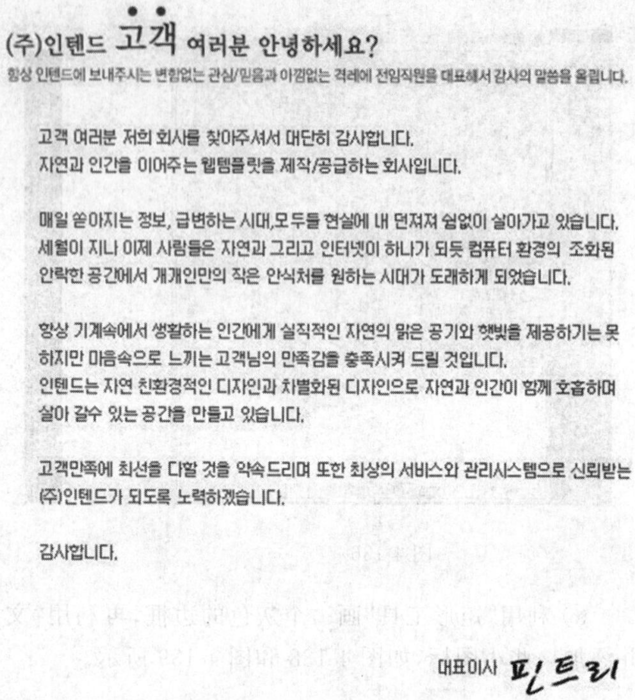

(주)인텐드 고객 여러분 안녕하세요?

항상 인텐드에 보내주시는 변함없는 관심/믿음과 아낌없는 격려에 전임직원을 대표해서 감사의 말씀을 올립니다.

고객 여러분 저희 회사를 찾아주셔서 대단히 감사합니다.
자연과 인간을 이어주는 웹템플릿을 제작/공급하는 회사입니다.

매일 쏟아지는 정보, 급변하는 시대,모두들 현실에 내 던져져 쉼없이 살아가고 있습니다.
세월이 지나 이제 사람들은 자연과 그리고 인터넷이 하나가 되듯 컴퓨터 환경의 조화된
안락한 공간에서 개개인만의 작은 안식처를 원하는 시대가 도래하게 되었습니다.

항상 기계속에서 생활하는 인간에게 실직적인 자연의 맑은 공기와 햇빛을 제공하기는 못
하지만 마음속으로 느끼는 고객님의 만족감을 충족시켜 드릴 것입니다.
인텐드는 자연 친환경적인 디자인과 차별화된 디자인으로 자연과 인간이 함께 호흡하며
살아 갈수 있는 공간을 만들고 있습니다.

고객만족에 최선을 다할 것을 약속드리며 또한 최상의 서비스와 관리시스템으로 신뢰받는
(주)인텐드가 되도록 노력하겠습니다.

감사합니다.

대표이사 핀트리

图 4-142

⑨ 利用“文字工具”添加一些文本，做一个简单的页脚，调整文字的大小及位置，如图 4-143 所示。

회사소개 / 이용약관 / 개인정보보호정책 / 제휴문의 / 사이트맵

주소 : 서울 강남구 삼성동 디자인인텐드빌딩 8층 000-00번지 / 상호명 : DESIGNINTEND.COM / 사업자등록번호 : 000-00-00000
통신판매업 : 서울 강남 00000호 / 대표이사 : 핀트리 / 전화 : 02) 123-4567 / 팩스 : 02) 123-4568

图 4-143

⑩ 调整各图层位置，最终得到的效果如图 4-144 所示。

图 4-144

4.2.7　体育运动类网页

设计过程如下所述。

① 打开一张蓝色图片作为背景，再添加一张白色撕边素材，如图 4-145 所示。

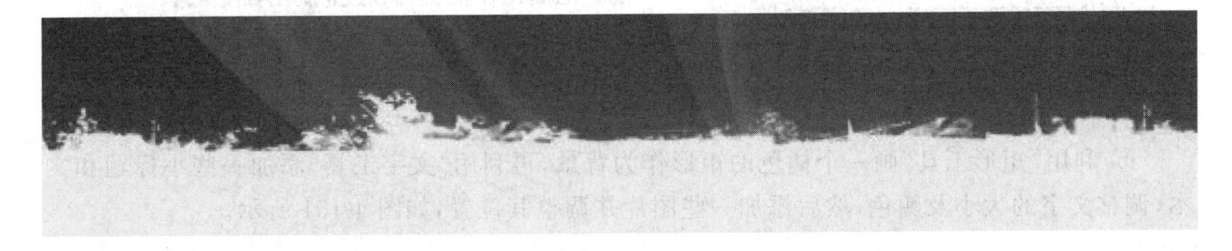

图 4-145

② 添加一些运动类的图标，并利用“文字工具”添加一些按钮名称，调整文字的位置和大小，如图 4-146 所示。

图 4-146

③ 利用“钢笔工具”在导航下方画一个蓝色的导航栏，再画出导航栏的高光，调整透明度为 35%，如图 4-147 所示。

图 4-147

④ 打开一张图片，调整其大小，利用“文字工具”添加标题及图片下的注释，再利用“矩形工具”在标题下方画一个棕色的色块，如图 4-148 所示。利用同样的方法制作中间部分，如图 4-149 和图 4-150 所示。

图 4-148

图 4-149

⑤ 利用“矩形工具”画一个橘色的矩形作为背景，再利用“文字工具”添加一些小标题和文本，调整文字的大小及颜色，然后添加一些图片并调整其位置，如图 4-151 所示。

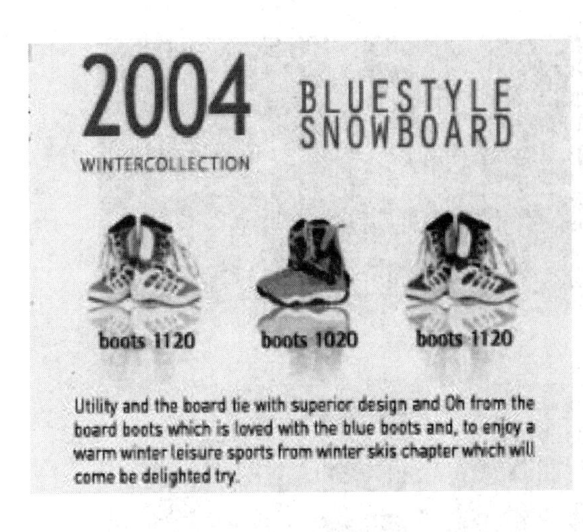

图 4-150

图 4-151

⑥ 利用“文字工具”添加一些文本，并利用“画笔工具”为每段添加项目符号，然后添加一些小图标，如图 4-152 所示。

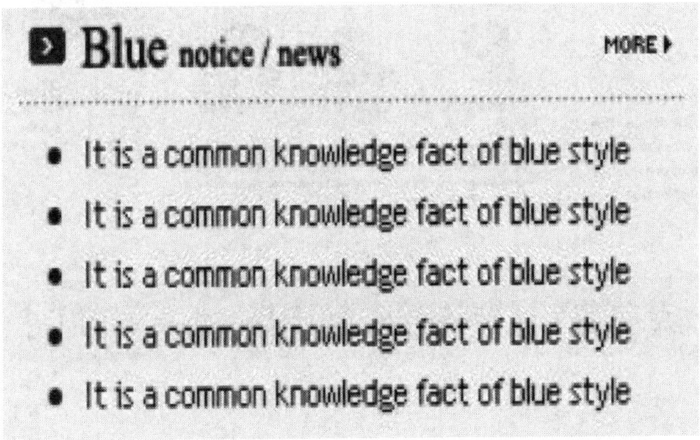

Blue notice / news　MORE

- It is a common knowledge fact of blue style
- It is a common knowledge fact of blue style
- It is a common knowledge fact of blue style
- It is a common knowledge fact of blue style
- It is a common knowledge fact of blue style

图 4-152

⑦ 做一个简单的页脚。利用“矩形工具”画一个米色矩形作为背景，然后画一个搜索框，再利用“文字工具”添加 LOGO 和一些信息，并调整文字的大小及位置，如图 4-153 所示。

图 4-153

⑧ 调整各图层位置，最终得到的效果如图 4-154 所示。

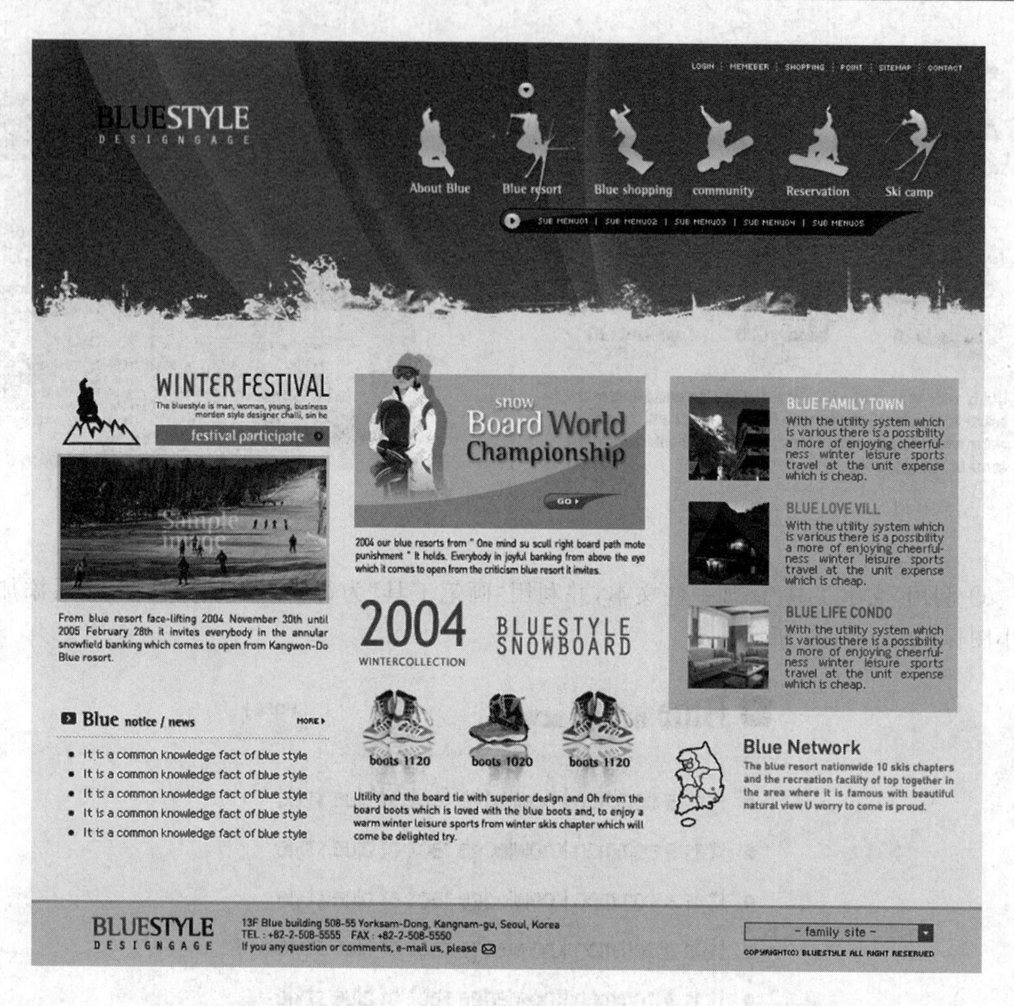

图 4-154

4.2.8 公司展示类网页

设计过程如下所述。

① 新建一个白色背景，利用“文字工具”制作一个简单的 LOGO，然后添加一个小图标，再输入一些导航栏文字并调整其位置，如图 4-155 所示。

图 4-155

② 在 LOGO 下方添加一些按钮名称，并利用“画笔工具”为名称添加项目符号，如图 4-156 所示。再打开一张图片，并调整其大小及位置，如图 4-157 所示。

图 4-156

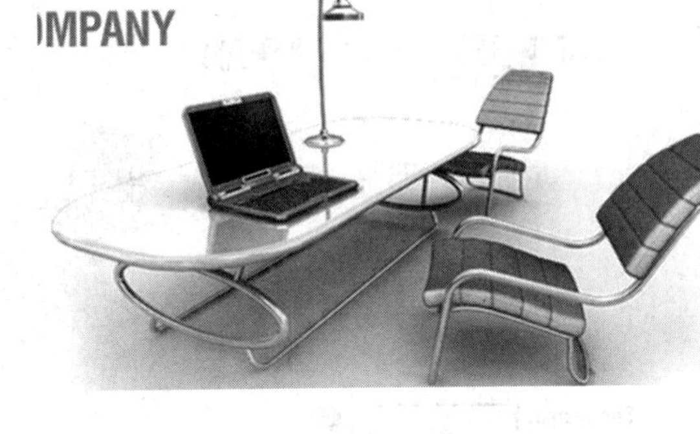

图 4-157

③ 利用“矩形工具”画一个矩形，选择“混合选项”中的“内阴影”，做一个搜索框，再添加一些文本和图片，调整其大小及位置，如图 4-158 和图 4-159 所示。

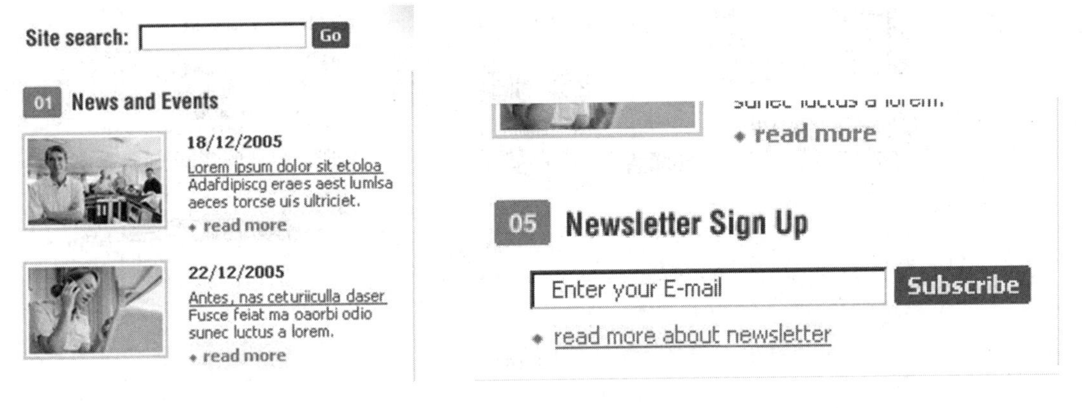

图 4-158　　　　图 4-159

④ 利用“文字工具”和图片制作其余内容，再利用“铅笔工具”添加灰色的分割线。

⑤ 制作页脚。利用“矩形工具”制作两个灰度不同的矩形做背景，再利用“文字工具”添加按钮等信息，如图 4-160 所示。

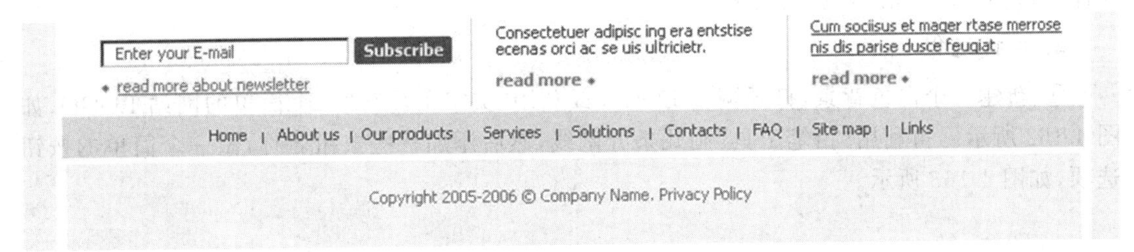

图 4-160

⑥ 调整各图层位置，最终得到的效果如图 4-161 所示。

图 4-161

4.2.9 情侣交友类网页

1. 设计理念

情侣交友类网页的风格以温馨甜蜜为主，设计时可选用白色为主色调，粉色为辅助色，意在体现情侣之间爱情的纯洁、甜蜜。

2. 设计过程

① 新建一个白色背景，打开网站 LOGO 或利用“文字工具”做一个简单的网站 LOGO，如图 4-162 所示。再利用“铅笔工具”画几条分割线，然后添加一些按钮名称，做一个简单的按钮选项，如图 4-163 所示。

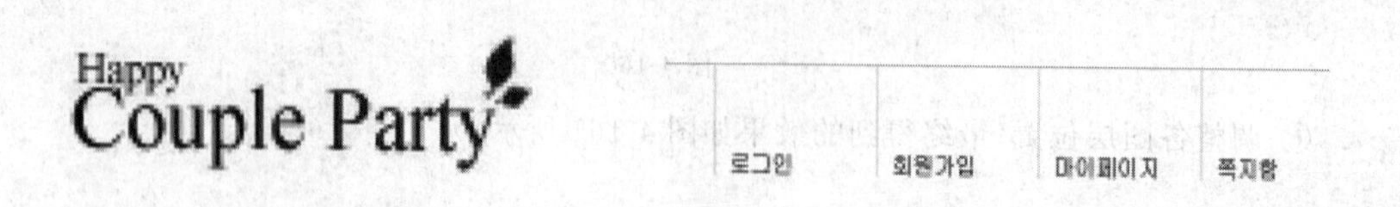

图 4-162　　图 4-163

② 找一张条纹的素材，打开并调整其大小和位置，利用“钢笔工具”和“铅笔工具”画几条长短不一的曲线，然后利用“文字工具”添加一些导航按钮的名称，并调整文字的大小、颜色、样式等，如图 4-164 和图 4-165 所示。

图 4-164

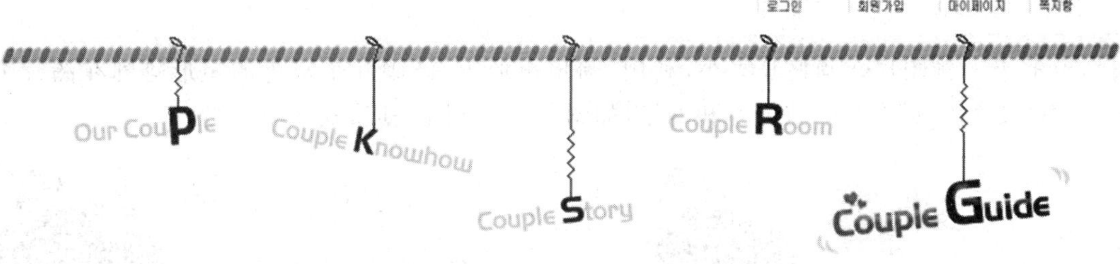

图 4-165

③ 打开一张情侣图片（如有背景需先抠图）并调整好大小，将其放在导航的下方，再添加一些象征爱情、甜蜜的心形图案做图片背景，如图 4-166 和图 4-167 所示。

图 4-166　　　　图 4-167

④ 打开 3 张情侣图片，将其缩小放在情侣大图的右下方，并在 3 张图片的上方利用“文字工具”添加标题，调整文字的大小及颜色，然后添加心形图案，如图 4-168 和图 4-169 所示。

图 4-168

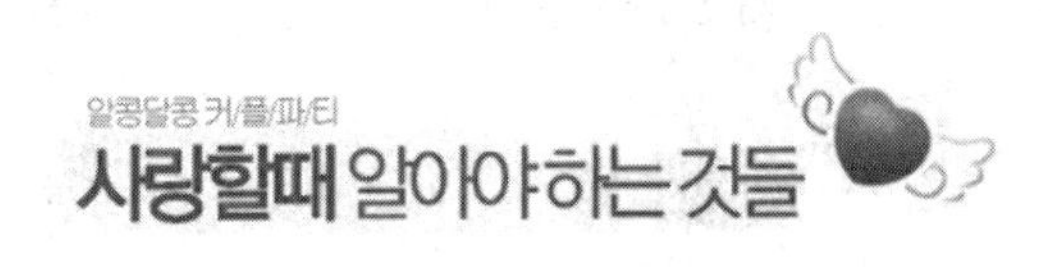

图 4-169

⑤ 利用“矩形工具”画一个登录框（在利用 Dreamweaver 软件制作网页时，添加表单即

可)，利用“椭圆工具”画一个渐变的圆形按钮，然后利用“文字工具”添加一些文本，如图 4-170 和图 4-171 所示。

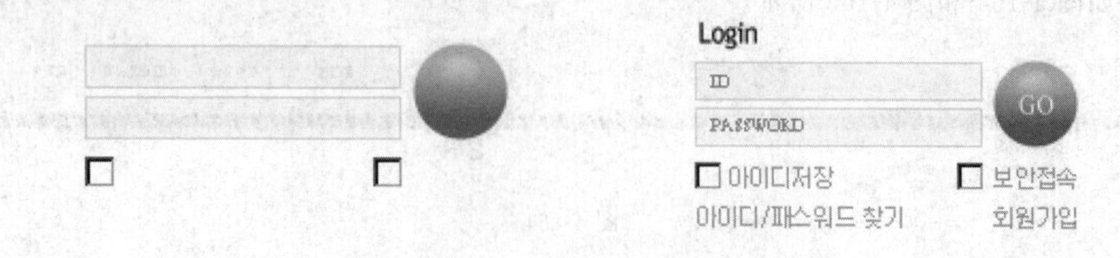

图 4-170　　　　图 4-171

⑥ 打开一张图片并调整其大小，利用“圆角矩形工具”画几个灰色的矩形排列在图片下方，利用“文字工具”添加一些文本和编号，如图 4-172 和图 4-173 所示。

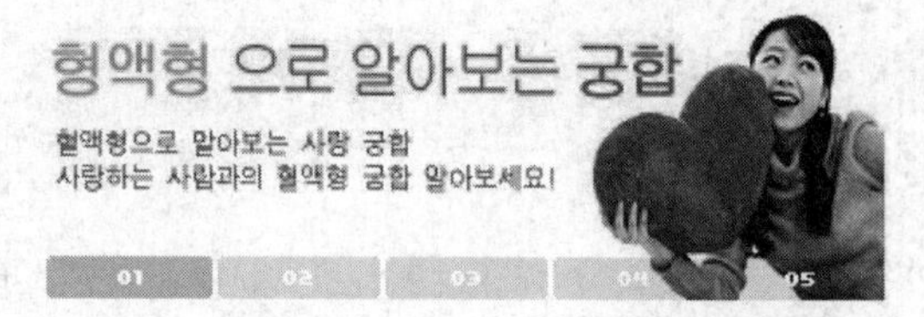

图 4-172　　　　图 4-173

⑦ 打开一张条纹素材并调整其大小，作为标题下的分割线，利用“文字工具”添加标题，调整文字的大小及颜色，如图 4-174 和图 4-175 所示。

What's New　더보기

사랑 발매 1주년 고객감사 프로모션　2008 04 12
프로슈머 합격자 발표 지연 안내　2008 03 20
프리진 사이트가 새롭게 오픈되었습니다!　2008 02 05

Couple Counseling　더보기

사랑 발매 1주년 고객감사 프로모션　2008 04 12
프로슈머 합격자 발표 지연 안내　2008 03 20
프리진 사이트가 새롭게 오픈되었습니다!　2008 02 05

图 4-174　　　　图 4-175

⑧ 利用“圆角矩形工具”画一个圆角按钮，利用“文字工具”添加一些标题和文本，调整文字的颜色、大小，如图 4-176 所示。利用同样的方法再做一个，并利用“铅笔工具”在二者中间添加一条浅灰色的分割线，如图 4-177 所示。

图 4-176　　　　图 4-177

⑨ 利用“矩形工具”画几个矩形并描边，制作搜索框，利用“文字工具”添加一些按钮名称，如图 4-178 和图 4-179 所示。

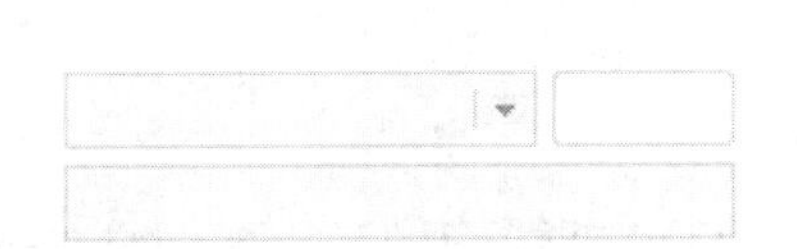

图 4-178

Search

통합검색　검색하기

사진에 관한 용어 총정리!

프로포즈 | 이벤트 | 선물 | 민속촌

图 4-179

⑩ 利用“椭圆工具”画一个椭圆形，描蓝色边，利用“文字工具”添加标题和文本，并调整文字的字体和颜色，然后添加一张图片，抠除背景，调整图片的大小及位置，如图 4-180 和图 4-181 所示。

Couple Guide

커플들의 달콤한 놀이공간 커플파티!
가이드를 이용하세요

- 자주묻는질문
- 커플파티가이드

VIEW >>

图 4-180

Couple Guide

커플들의 달콤한 놀이공간 커플파티!
가이드를 이용하세요

- 자주묻는질문
- 커플파티가이드

VIEW >>

图 4-181

⑪ 打开一些情侣图片素材，把图片调整成一样的大小再进行排列、描边，然后利用“文字工具”添加一些图片名称，如图 4-182 和图 4-183 所示。

图 4-182

커플포토콘테스트　　닭살 감동 엽기 기념일 데이트

자기야 사랑해♡
Rainbow

콩깍지 커플 1주년...
Bluemisty

자기야 사랑해♡
Rainbow

콩깍지 커플 1주년...
Bluemisty

자기야 사랑해♡
Rainbow

图 4-183

⑫ 利用“文字工具”添加一些名称，利用“画笔工具”添加一些项目符号，然后添加网站 LOGO 和版权所有，如图 4-184～图 4-186 所示。

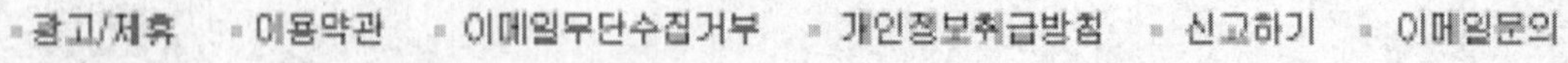

▪광고/제휴 ▪이용약관 ▪이메일무단수집거부 ▪개인정보취급방침 ▪신고하기 ▪이메일문의

图 4-184

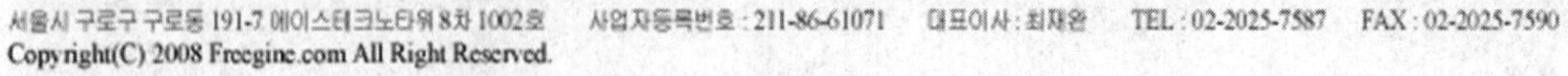

서울시 구로구 구로동 191-7 에이스테크노타워 8차 1002호 사업자등록번호 : 211-86-61071 대표이사 : 최재완 TEL : 02-2025-7587 FAX : 02-2025-7590
Copyright(C) 2008 Freeginc.com All Right Reserved.

图 4-185

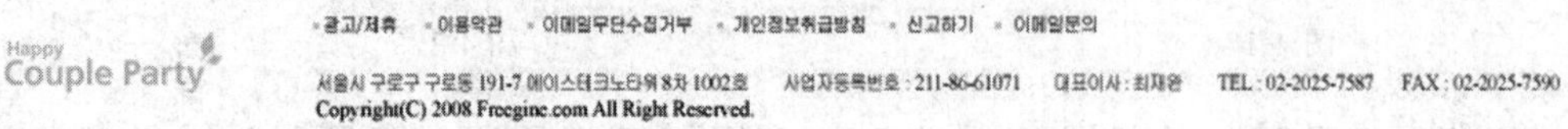

Happy Couple Party

▪광고/제휴 ▪이용약관 ▪이메일무단수집거부 ▪개인정보취급방침 ▪신고하기 ▪이메일문의

서울시 구로구 구로동 191-7 에이스테크노타워 8차 1002호 사업자등록번호 : 211-86-61071 대표이사 : 최재완 TEL : 02-2025-7587 FAX : 02-2025-7590
Copyright(C) 2008 Freeginc.com All Right Reserved.

图 4-186

⑬ 利用“铅笔工具”添加一些浅灰色的分割线，如图 4-187 所示。调整各图层位置，最终得到的效果如图 4-188 所示。

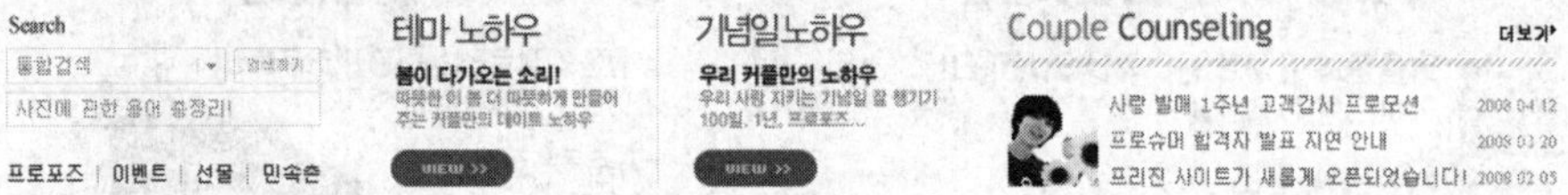

Search
통합검색
사진에 관한 좋은 충정리!
프로포즈 | 이벤트 | 선물 | 민속촌
테마 노하우
봄이 다가오는 소리!
따뜻한 이 봄 더 따뜻하게 만들어 주는 커플만의 데이트 노하우
VIEW >>
기념일노하우
우리 커플만의 노하우
우리 사랑 지키는 기념일 잘 챙기기 100일, 1년, 프로포즈...
VIEW >>
Couple Counseling
더보기
사랑 빌때 1주년 고객감사 프로모션 2008 04 12
프로슈머 합격자 발표 지연 안내 2008 03 20
프리진 사이트가 새롭게 오픈되었습니다! 2008 02 05

图 4-187

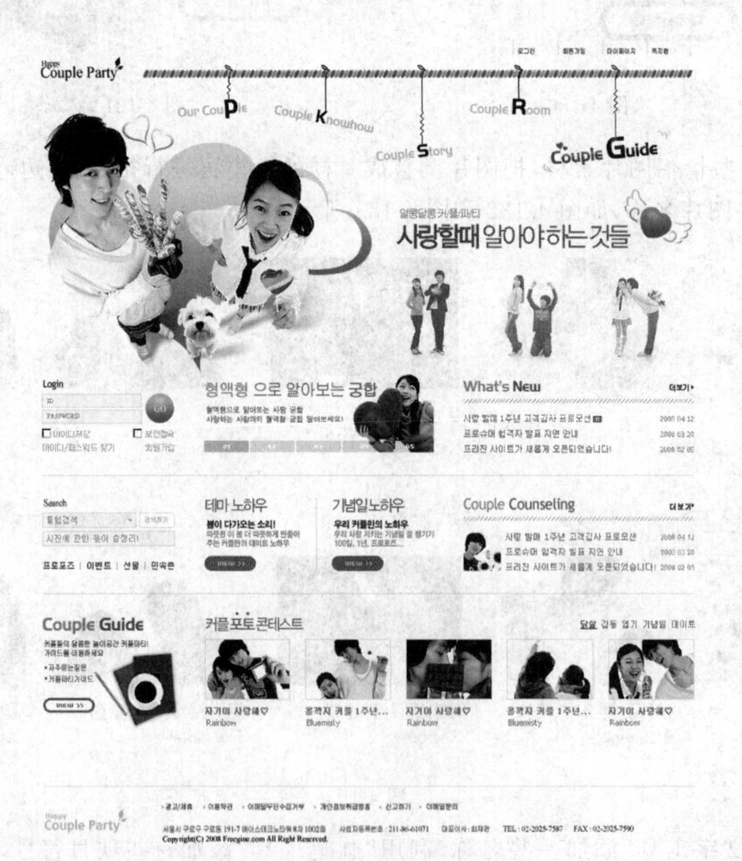

图 4-188

4.2.10　自然环保类网页

1．设计理念

自然最大的特点是绿色、生态。自然环保类网页在颜色上应以嫩绿色为主色调，以橄榄绿和黑色为辅助色，突出自然的感觉，在布局上应主要体现草地和树木，将高楼大厦作为辅助，体现出生活要以自然生态为主的理念。

2．设计过程

① 新建一个文档，背景颜色选用墨绿色，如图 4-189 所示。

图 4-189

② 利用“矩形选框工具”画一个矩形选区，利用“渐变工具”做一个由白色到透明的矩形，如图 4-190 所示。

图 4-190

③ 利用“矩形工具”和“钢笔工具”画出矩形导航条。

④ 添加网站的 LOGO，利用“文字工具”添加导航按钮名称，并调整文字的大小和颜色，如图 4-191 所示。

图 4-191

⑤ 打开一张草地素材，把背景抠除，调整图片的大小及位置，再添加一些装饰，利用“文字工具”添加一些文本，如图 4-192～图 4-194 所示。

图 4-192

图 4-193

图 4-194

⑥ 利用“圆角矩形工具”画 3 个矩形，建立登录框，利用“文字工具”添加名称，如图 4-195 和图 4-196 所示。

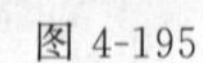
图 4-195

图 4-196

⑦ 利用“钢笔工具”画一个黑色矩形，利用“矩形工具”画一个白色矩形，调整其位置，如图 4-197 所示。

图 4-197

⑧ 打开两张图片，调整其大小、位置，利用“铅笔工具”和“矩形工具”添加一些细节，然后利用“文字工具”添加一些标题，如图 4-198 和图 4-199 所示。

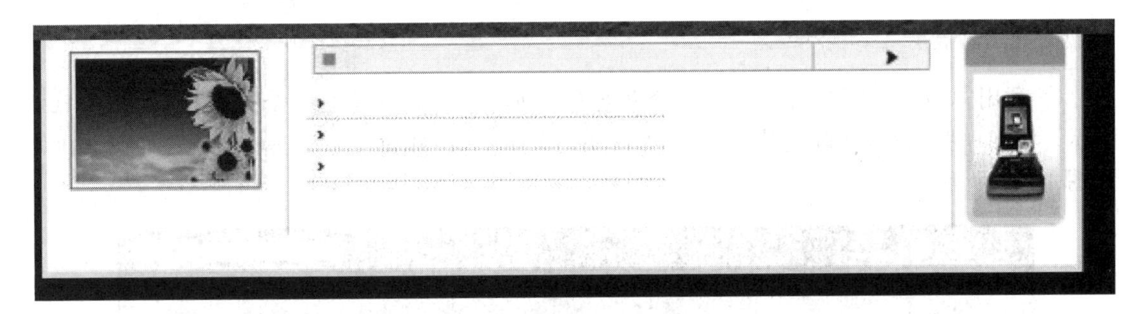

图 4-198

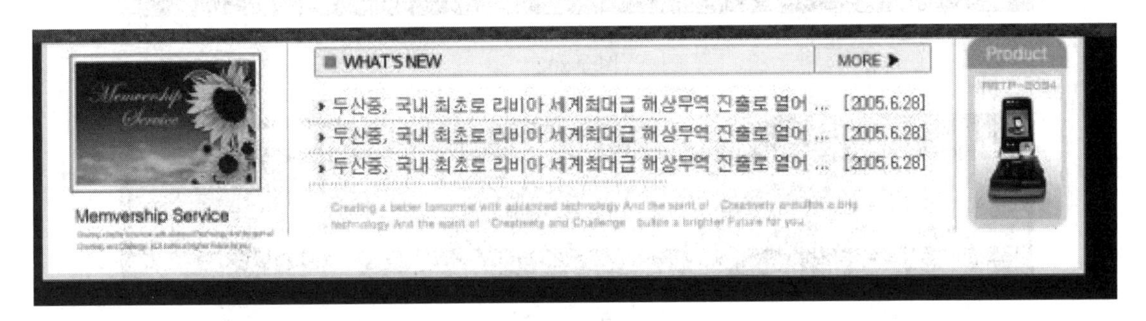

图 4-199

⑨ 做侧边栏。利用“矩形工具”在登录框下方画一个黑色背景，利用“文字工具”添加一些名称，再添加一些小图标，调整其大小及位置，如图 4-200 和图 4-201 所示。

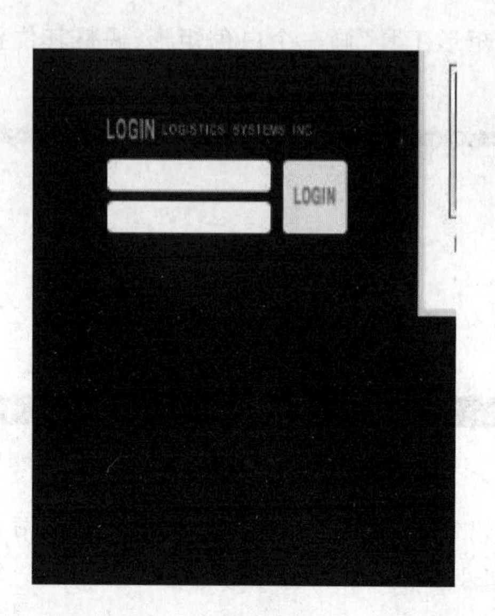

图 4-200

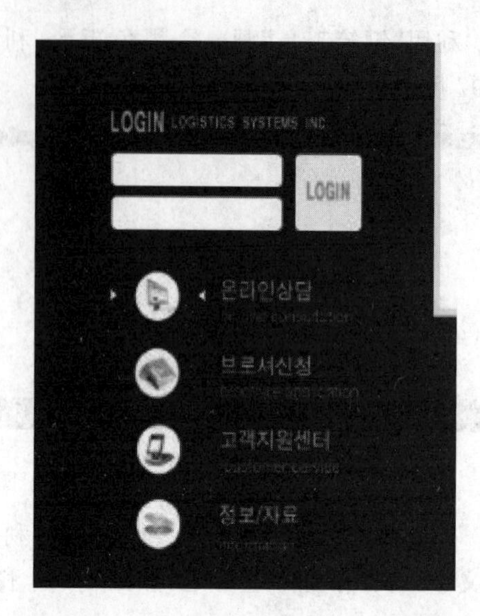

图 4-201

⑩ 利用“矩形工具”在右下角画一个灰色的矩形，在其上方建立一个搜索框，如图 4-202 所示。添加一些图片，并调整其大小，然后利用“文字工具”添加一些文本和标题，如图 4-203 和图 4-204 所示。

图 4-202

图 4-203

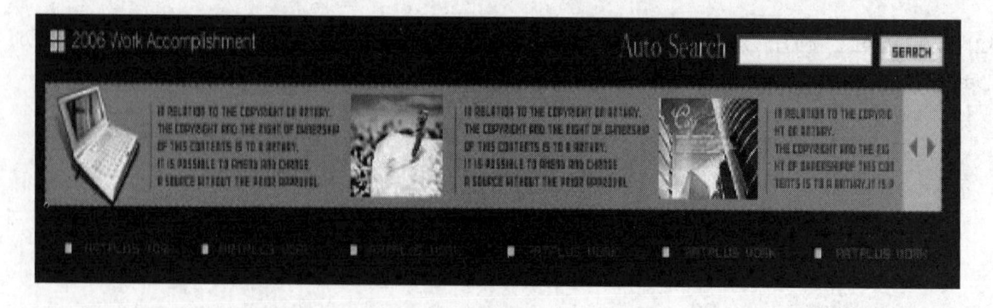

图 4-204

⑪ 利用“矩形工具”和“文字工具”做一个简单的页脚，如图 4-205 所示。

图 4-205

⑫ 调整各图层位置，最终得到的效果如图 4-206 所示。

图 4-206

4.2.11 汽车展示类网页

1. 设计理念

汽车展示类网页的内容以汽车为主，网页风格一定要偏向稳重大方，可以黑、白、灰三色为主。

2. 设计过程

① 利用“渐变工具”新建一个由黑到白的背景，利用“钢笔工具”和“圆角矩形工具”建立一个不规则的矩形，作为背景的下半部分，右击图层，选择“混合选项→斜面和浮雕”，如图 4-207 和图 4-208 所示。

图 4-207

图 4-208

② 添加公司 LOGO,利用“文字工具”添加一些导航名称,并在“混合选项”里添加外发光,如图 4-209 所示。

图 4-209

③ 打开一张清晰的汽车图片,把背景抠除,然后利用“文字工具”添加一个大标题,调整其大小、颜色,如图 4-210 所示。

图 4-210

④ 利用“矩形工具”做页面按钮和图片边框，利用“文字工具”添加一些文本，然后添加一些细节，如图 4-211 所示。

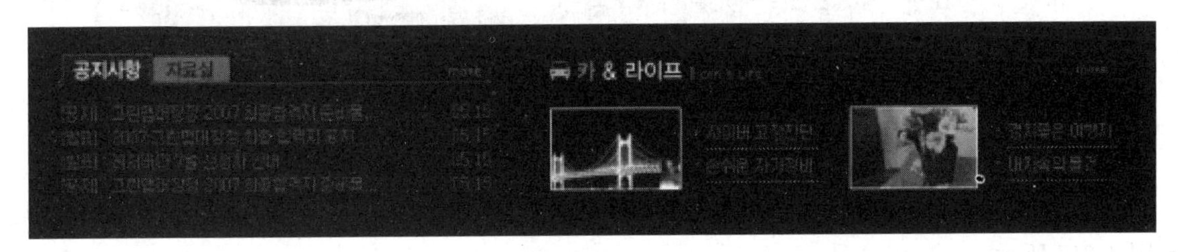

图 4-211

⑤ 利用“文字工具”添加一些文本，并调整其位置，利用“圆角矩形工具”画几个按钮，然后打开一些小图标并调整其大小，如图 4-212 和图 4-213 所示。

图 4-212

图 4-213

⑥ 利用“矩形工具”画一个灰色矩形，打开一张汽车图片并调整其大小，利用“文字工具”添加一些文本，如图 4-214 和图 4-215 所示。

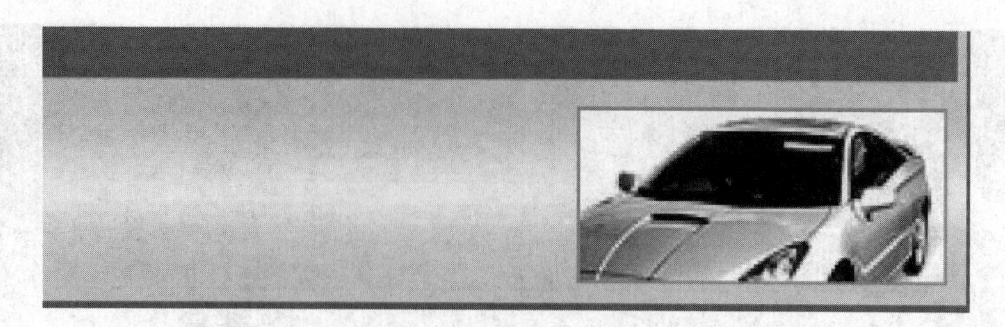

图 4-214

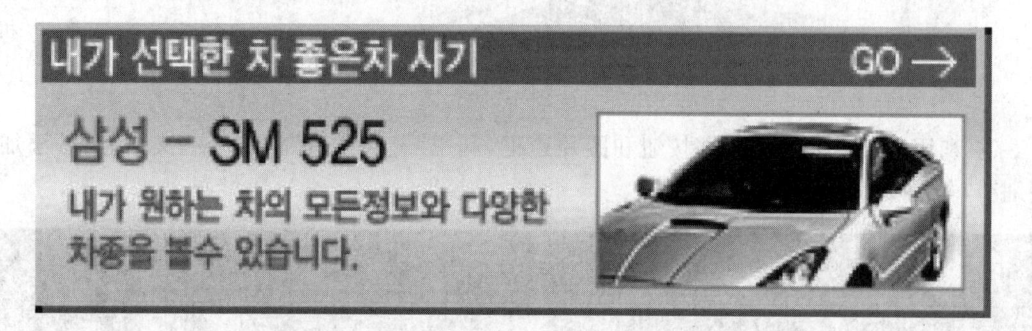

图 4-215

⑦ 在右侧空白处利用“文字工具”添加公司名称、联系方式和一些小图标，如图 4-216 和图 4-217 所示。

图 4-216

图 4-217

⑧ 利用“矩形工具”和“文字工具”制作一个简单的页脚，如图 4-218 所示。

图 4-218

⑨ 调整各图层位置，最终得到的效果如图 4-219 所示。

图 4-219

4.2.12　地产展示类网页(案例 1)

1. 设计理念

地产展示类网页要求视觉冲击力强，色彩鲜亮绚烂，让受众从网页中能感觉到舒适。

2. 设计过程

① 新建文件，打开一张图片，调整其大小，如图 4-220 所示。

图 4-220

② 添加公司 LOGO，利用“圆角矩形工具”制作导航按钮，利用“渐变工具”为导航添加渐变颜色，利用“文字工具”添加按钮名称，调整其字体、颜色，如图 4-221 和图 4-222 所示。

图 4-221

图 4-222

③ 利用“矩形工具”画几个矩形，按“Ctrl＋T”自由变换，调整矩形角度，然后在矩形内添加一些图片，如图 4-223 和图 4-224 所示。

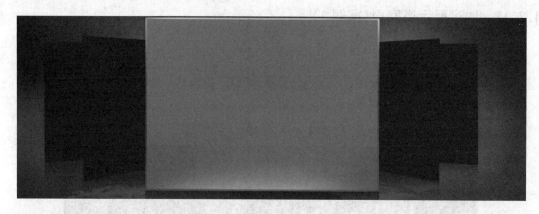

图 4-223

图 4-224

④ 打开一些光晕和人物素材，抠除背景，调整其大小、位置，如图 4-225 所示。

图 4-225

⑤ 利用“文字工具”添加一些文本，调整其大小、位置，再插入一张图片，如图 4-226 和图 4-227 所示。

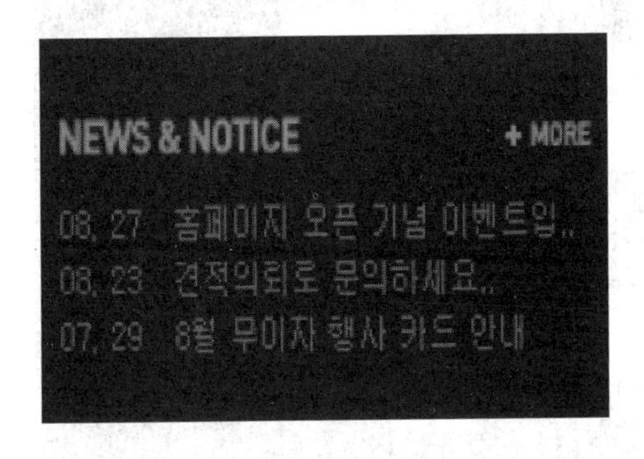

图 4-226

图 4-227

⑥ 添加 4 张图片，裁切好大小，将其排成一排，如图 4-228 所示。

图 4-228

⑦ 利用“文字工具”添加一些文本，做一个简单的页脚，如图 4-229 所示。

图 4-229

⑧ 调整各图层位置，最终得到的效果如图 4-230 所示。

图 4-230

4.2.13 地产展示类网页(案例 2)

1. 设计理念

做网站的不同页面时要注意网页风格的统一，还要有一些巧妙的变化，要求在变化中求统一，却又能分清主次。

2. 设计过程

① 新建文件，添加褐色的背景，如图 4-231 所示。

图 4-231

② 打开一张图片,并调整其大小、位置,利用"橡皮擦工具"虚化图片的边缘,再添加一张背景,如图 4-232 所示。

图 4-232

③ 打开一些光晕素材,并调整其位置,如图 4-233 所示。

图 4-233

④ 添加公司 LOGO，利用“圆角矩形工具”制作导航按钮，利用“渐变工具”为导航添加渐变颜色，利用“文字工具”添加按钮名称和标题，调整其字体、颜色，如图 4-234 和图 4-235 所示。

图 4-234

图 4-235

⑤ 利用“矩形工具”做侧边栏。画几个矩形，右击图层，选择“混合选项→斜面和浮雕”，利用“渐变工具”给边框添加渐变颜色，利用“文字工具”添加一些标题，如图 4-236 和图 4-237 所示。

图 4-236

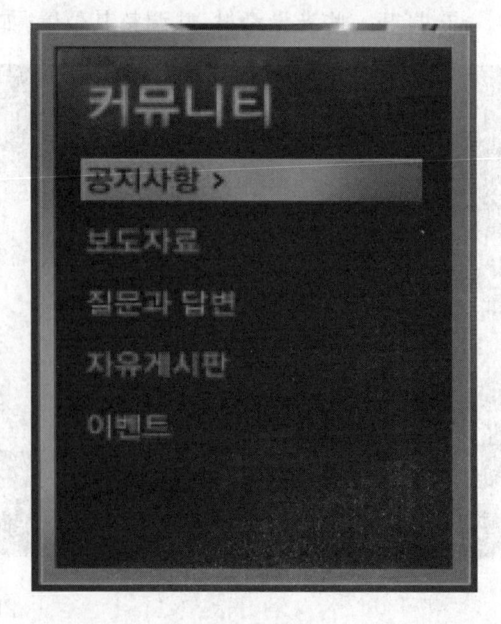

图 4-237

⑥ 利用“文字工具”添加一些文本、联系方式，再添加一些小图标，如图 4-238 和图 4-239 所示。

图 4-238

图 4-239

⑦ 在网页右侧利用“圆角矩形工具”画一个大的白色背景，并利用“文字工具”添加一些标题，如图 4-240 所示。

图 4-240

⑧ 利用“矩形工具”和“铅笔工具”画一些横条，调整横条的透明度和横条的间距，如图 4-241 所示。

图 4-241

⑨ 利用“椭圆工具”在页面下方画一些按钮，利用“矩形工具”画一个搜索框，然后利用“文

字工具”添加一些文字、页码，如图 4-242 所示。

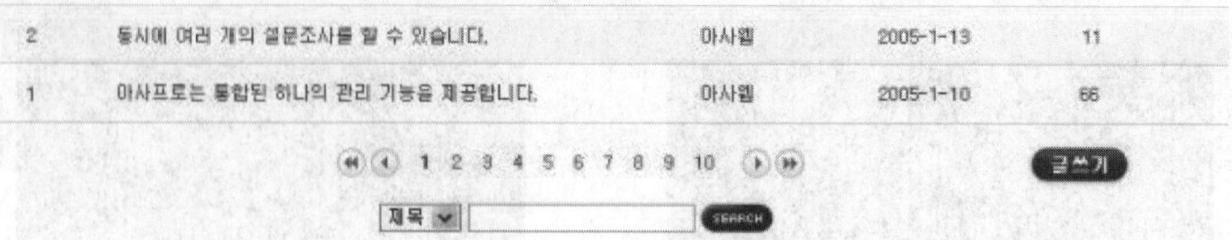

图 4-242

⑩ 整理横条和文字的位置，如图 4-243 所示。

图 4-243

⑪ 利用“文字工具”添加一些文字，做一个简单的页脚，如图 4-244 所示。

图 4-244

⑫ 调整各图层位置，最终得到的效果如图 4-245 所示。

图 4-245

4.2.14　女性美容类网页

1. 设计理念

女性美容类网页一般以突出女性的柔美为主，颜色上尽量选用暖色调。网页可以粉色、白色为主色调，粉红色代表可爱浪漫，富有幻想色彩，同时，粉红色是一种很脱俗、素雅的颜色。在素材运用上，可以用花来衬托女性的美。

女性美容类网页需要更多地根据女性用户的喜好确定颜色，使网页更柔美，这一直是所有设计师的工作目标。设计师向女性的内心发出信号，并希望得到反馈。如果设计师了解色彩心理学原理，又能找到适合女性的配色方案，那么其设计的网页离成功又近了一步。

2. 设计过程

① 新建一个白色背景，打开一张粉色暗纹素材并调整好大小，利用“渐变工具”在页面的最上方做一个由粉到透明的渐变，如图 4-246 所示。

图 4-246

② 打开一张粉色背景图，将其裁切成横条，添加网站的 LOGO，利用“圆角矩形工具”和“文字工具”做一些简单的导航按钮，如图 4-247 和图 4-248 所示。

图 4-247

图 4-248

③ 利用“矩形工具”画几个粉色的矩形做侧边栏，利用“渐变工具”做粉色渐变，如图 4-249 所示。打开一张纹样边框并调整好大小，将其放在矩形的四角，利用“文字工具”添加一些按钮名称，如图 4-250 和图 4-251 所示。

图 4-249

图 4-250

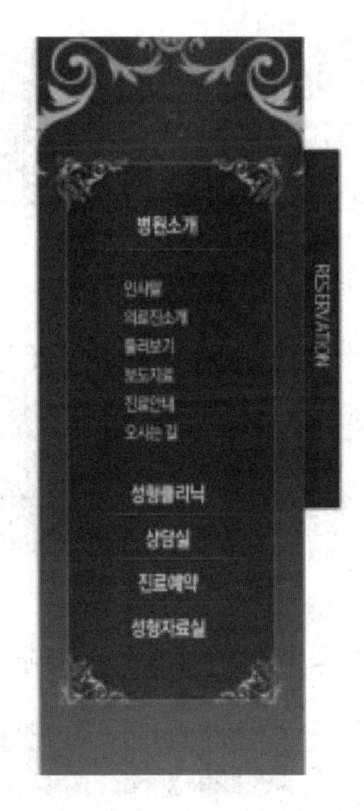

图 4-251

④ 打开一张图片，抠除背景，调整其大小，将其放在侧边栏右侧，利用“文字工具”添加一个大标题，并调整其字体、颜色，如图 4-252 和图 4-253 所示。

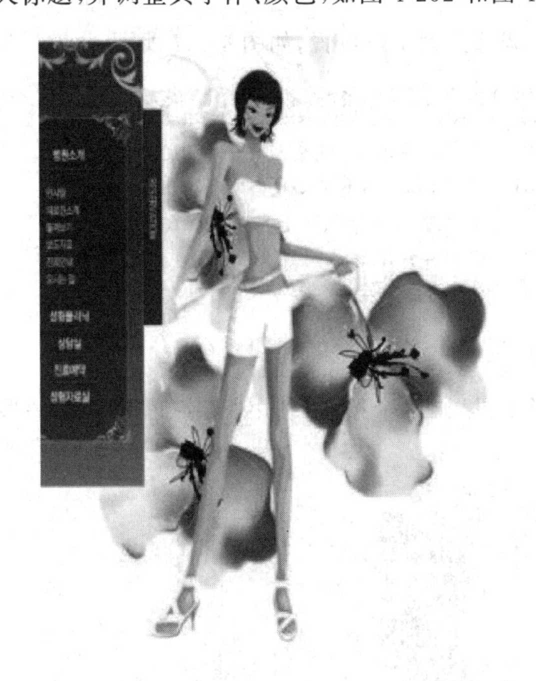

图 4-252

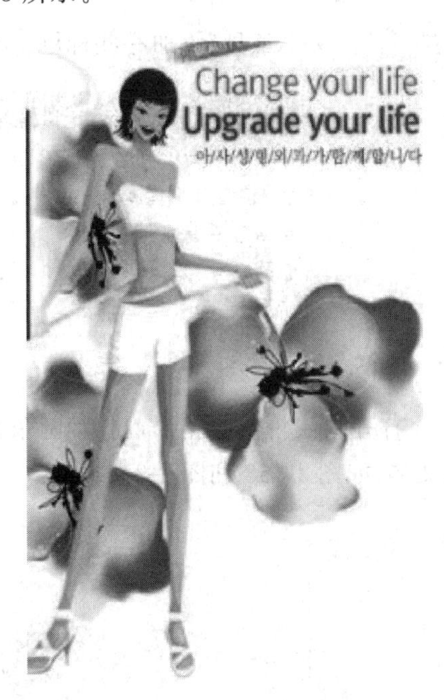

图 4-253

⑤ 利用“矩形工具”画 5 个大小相同的矩形，右击图层，选择“混合选项→描边”，如图 4-254 所示。添加一些小图标，利用“文字工具”添加标题，如图 4-255 所示。

图 4-254

图 4-255

⑥ 利用“矩形工具”画两个矩形，利用“渐变工具”做渐变，如图 4-256 所示。

图 4-256

⑦ 利用“文字工具”添加一些标题、文本，调整其大小及位置，如图 4-257 所示。

NEWS MORE		Q&A MORE	
· 이것도 수술이 가능한지요?	[09/08]	· 이것도 수술이 가능한지요?	[09/08]
· 쌍꺼풀을 재수술 하려구	[09/08]	· 쌍꺼풀을 재수술 하려구	[09/08]
· 코 성형 수술에 대한 상담	[09/08]	· 코 성형 수술에 대한 상담	[09/08]
· 눈 재수술 하려구 하는데	[09/08]	· 눈 재수술 하려구 하는데	[09/08]
· 쌍꺼풀을 재수술 하려구	[09/08]	· 쌍꺼풀을 재수술 하려구	[09/08]

图 4-257

⑧ 打开一张粉色的图片，利用“圆角矩形工具”画两个按钮，利用“文字工具”添加一些标题和文本，如图 4-258 和图 4-259 所示。

图 4-258

图 4-259

⑨ 利用“矩形选框工具”画 3 个矩形选区，利用“渐变工具”添加由粉到白的渐变，右击图层，选择“混合选项→描边”，如图 4-260 所示。

图 4-260

⑩ 利用“文字工具”添加一些名称，添加一些小图标，利用“圆角矩形工具”画 3 个渐变的小按钮，如图 4-261 和图 4-262 所示。

의료진보기
DR. VIEW
질문하기
Q & A CENTER
진료정보
INFORMATION

图 4-261

图 4-262

⑪ 打开一张撕边素材，将颜色填充成粉色，添加公司 LOGO，利用“文字工具”添加一些文本(如联系方式)，如图 4-263 和图 4-264 所示。

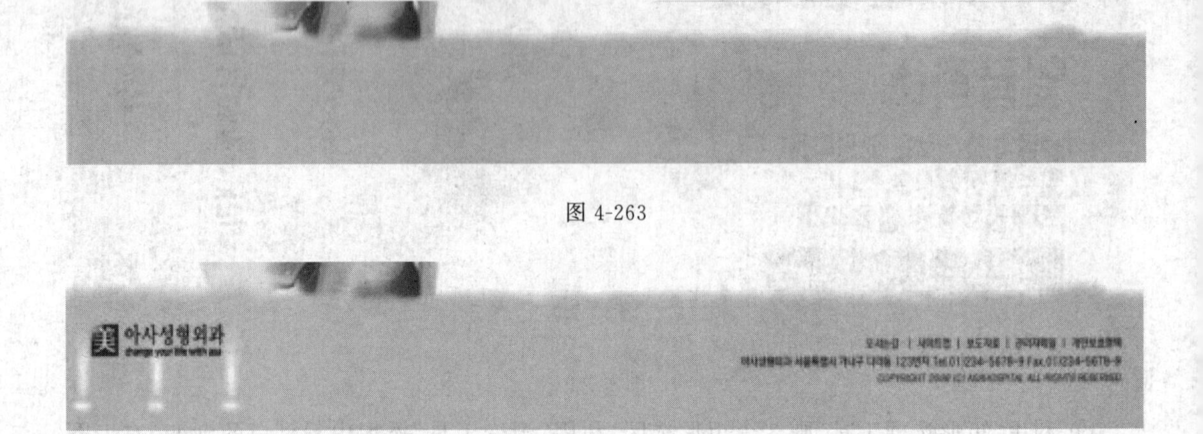

图 4-263

图 4-264

⑫ 调整各图层位置，最终得到的效果如图 4-265 所示。

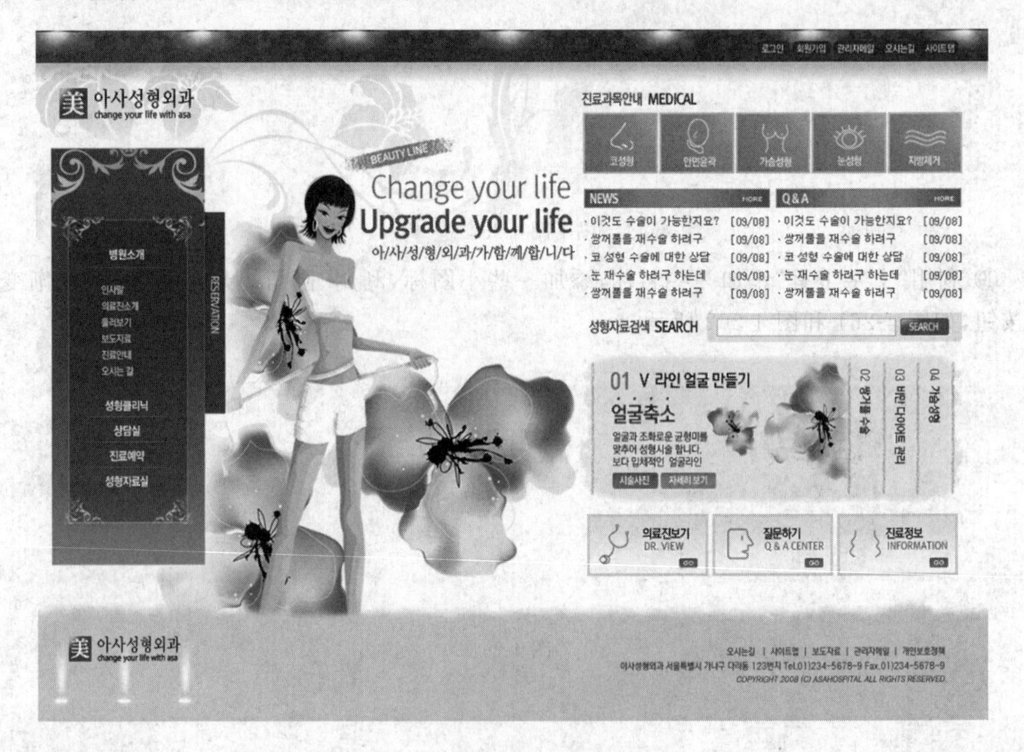

图 4-265

4.2.15 电影类网页

电影类网页很重视用户体验，其排版布局以简约为主，设计过程如下所述。

① 做一个简单的 LOGO。新建一个黑色背景，利用“钢笔工具”做两个灰色的图形，利用“文字工具”添加一些文本，调整文字的大小及颜色，如图 4-266 和图 4-267 所示。

图 4-266

图 4-267

② 利用“矩形工具”画几个矩形，对其中一个做渐变，打开一张图片并调整其大小，利用“文字工具”添加一些名称，如图 4-268 和图 4-269 所示。

图 4-268

图 4-269

③ 利用“矩形选框工具”画一个矩形选区，然后利用“文字工具”添加导航按钮名称，如图 4-270 所示。

图 4-270

④ 利用“矩形选框工具”画一个矩形选区，如需加效果，可添加浅绿色渐变，利用“矩形工具”画一个矩形按钮，然后利用“文字工具”添加一些大导航的名称，调整其位置，如图 4-271 和图 4-272 所示。

图 4-271

图 4-272

⑤ 打开一张图片，将其调整成合适的大小，利用“矩形工具”画一个矩形条，调整透明度为 60%，如图 4-273 所示。利用“文字工具”添加一些文本，调整文字的大小及颜色，然后添加一

些素材并调整其大小,如图 4-274 所示。

图 4-273

图 4-274

⑥ 打开一张图片,利用“矩形工具”在图片上画一个浅绿色的横条,调整好图片的大小,再打开 5 张图片,依次排列,如图 4-275～图 4-277 所示。

图 4-275

图 4-276

⑦ 利用“文字工具”添加一些文本,然后添加一张箭头图片,如图 4-278 所示。如需加效果,可以利用“渐变工具”加一个渐变颜色。

图 4-277

图 4-278

⑧ 利用“矩形工具”画一个浅绿色矩形，利用“文字工具”添加文字，如图 4-279 所示。

图 4-279

⑨ 调整各图层位置，最终得到的效果如图 4-280 所示。

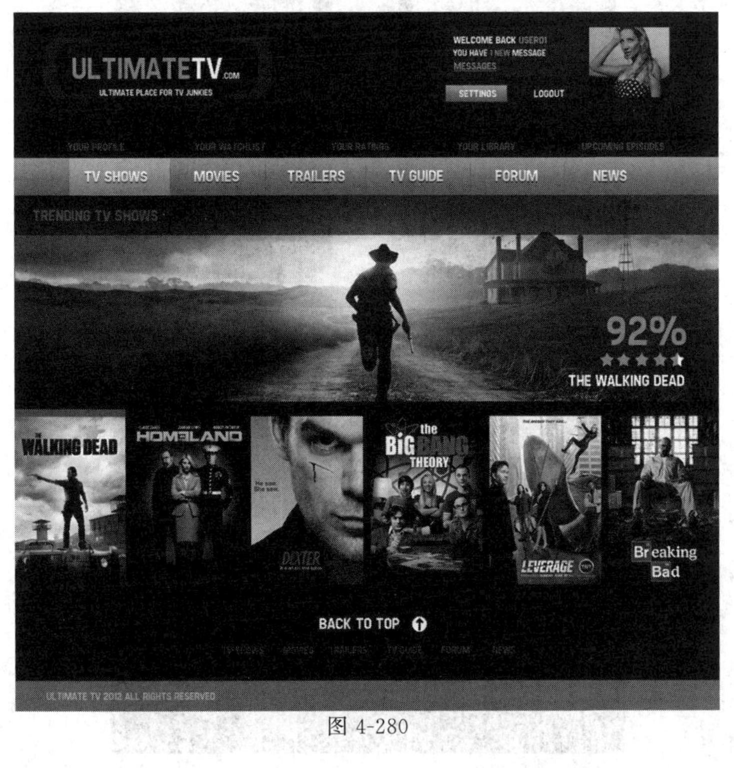

图 4-280

第5章 移动媒体

5.1 手机UI设计

手机UI设计是手机软件的人机交互、操作逻辑、界面美观性的整体设计。界面是置身于手机操作系统中的人机交互的窗口，必须基于手机的物理特性和软件的应用特性对界面进行合理的设计，界面设计师首先应对手机的系统性能有所了解。手机UI设计一直被业界称为产品的“脸面”，好的UI设计不仅要让软件变得有个性、有品位，还要让软件的操作变得舒适、简单、自由，充分体现软件的定位和特点，如图5-1和图5-2所示。

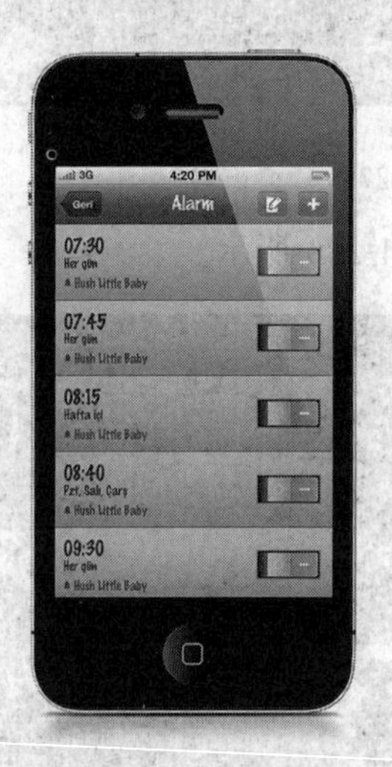

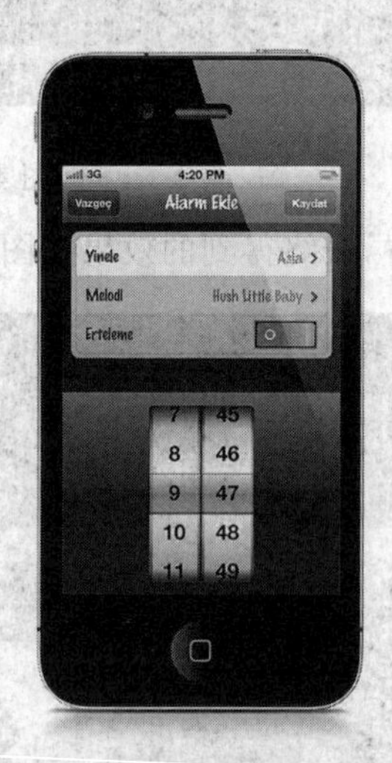

图5-1

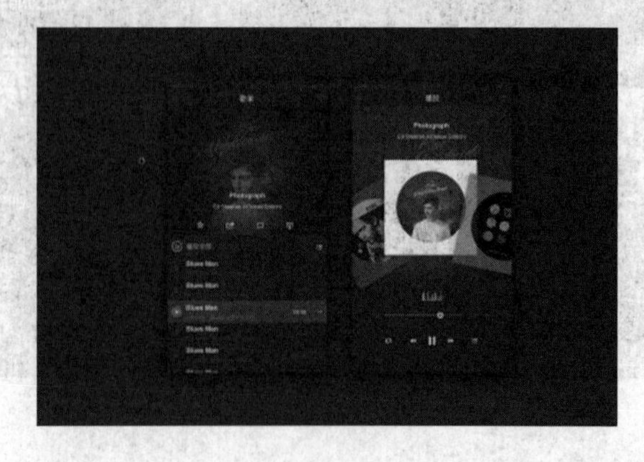

图5-2

新一代华道信用卡移动终端安全系统(MTS)的 UI 设计让看似枯燥、烦琐的业务流程以最生动的视觉效果和最简洁的交互体验展现出来,整个产品在确保行业软件专业性的同时,被赋予了更多的创意和生命力,如图 5-3 和图 5-4 所示。

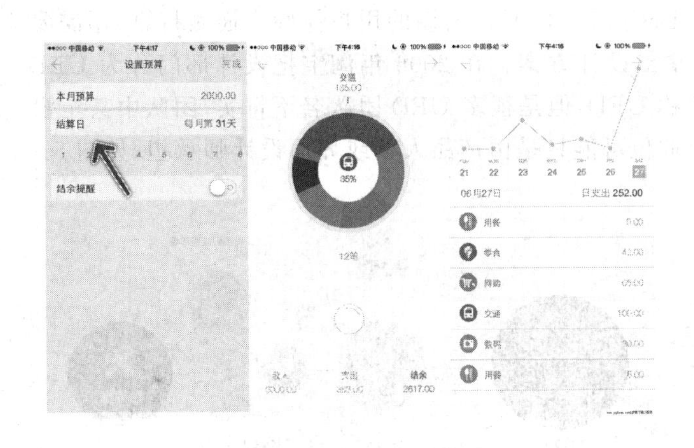

图 5-3

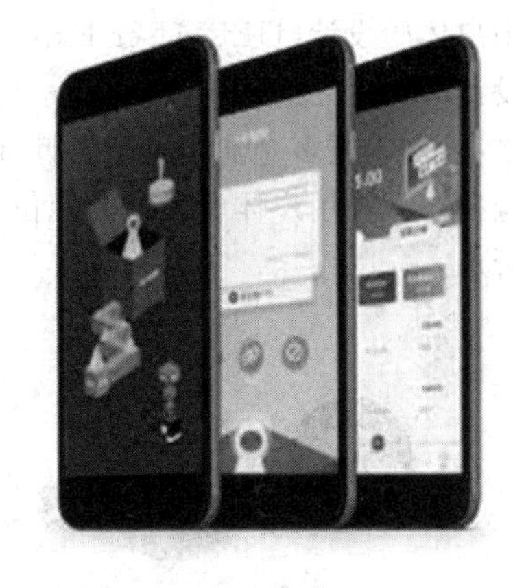

图 5-4

5.2　手机 UI 相关概念

1. UI

UI 是指人和机器互动过程中的界面,以手机为例,手机上的界面都属于用户界面,我们通过用户界面向手机发出指令,手机根据指令产生相应的反馈。设计用户界面的人被称为 UI 设计师。在设计师领域,在 PC 端从事网页设计的人被称为 WUI(Web User Interface)设计师或网页设计师,在移动端从事移动设计的人被称为 GUI(Graphics User Interface)设计师。一般情况下,小企业不会分得那么清楚,都统一称为 UI 设计师,其需要对产品的界面视觉负责。用户界面如图 5-5 和图 5-6 所示。

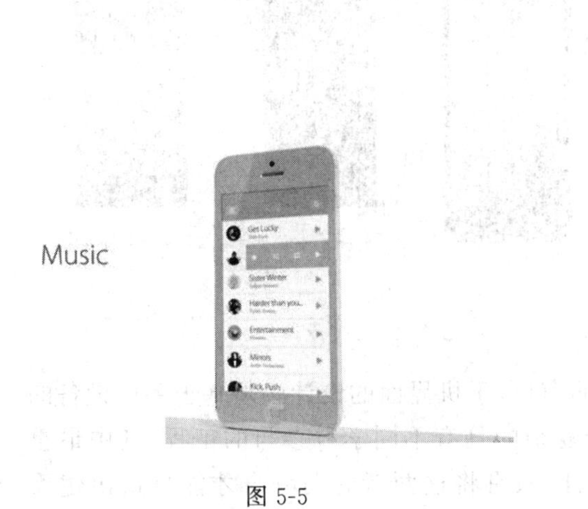

图 5-5

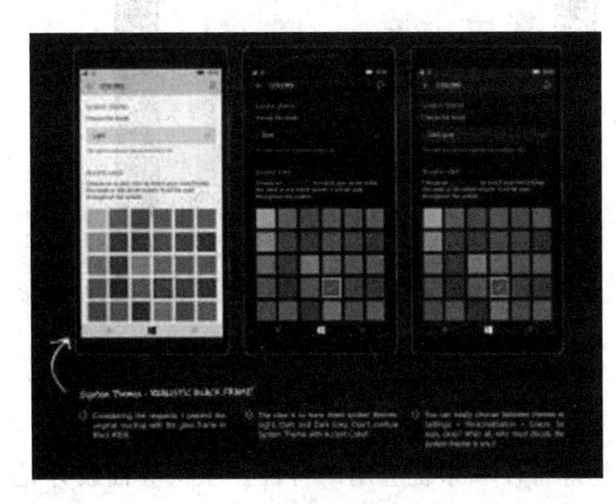

图 5-6

2. UE

用户体验(UE,User Experience)指用户在使用产品的过程中的个人主观感受,设计师一般要关注用户使用前、使用过程中和使用后的整体感受,包括行为、情感和成就等各个方面。用户体验设计(UED,User Experience Design)不仅要在前期的用户体验方面做打算,还需要设计师用自己的知识、经验、设计能力拿出设计方案。在 2006 年淘宝把设计部门称为 UED 之后,国内很多企业跟风把设计部门改称 UED,但是很多 UED 团队名不符实,团队中甚至没有独立设置用户体验研究的职位,这个职位可能只是由产品人员或界面设计师承担,如图 5-7 所示。

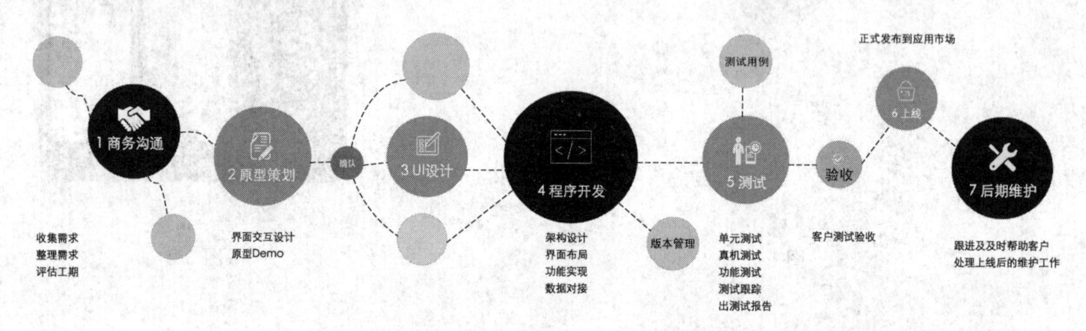

图 5-7

5.3 手机界面

一款手机应用或系统首先通过界面将整体性格传递给用户,可体现界面风格营造的氛围。视觉设计决定了用户对产品的看法、兴趣乃至后面的使用情况,手机界面的视觉设计可以帮助产品的感性部分找到更多的共性,或者规避一些用户可能抵触的点,如图 5-8 和图 5-9 所示。

图 5-8

图 5-9

手机用户界面是用户与手机系统、应用交互的窗口,手机界面的设计必须基于手机设备的物理特性和系统应用的特性。手机界面设计是个复杂的且有不同学科参与的工程,其中最重要的两点就是产品本身的 UI 设计和用户体验设计,只有将这两者完美融合才能打造出优秀的作品,如图 5-10 和图 5-11 所示。

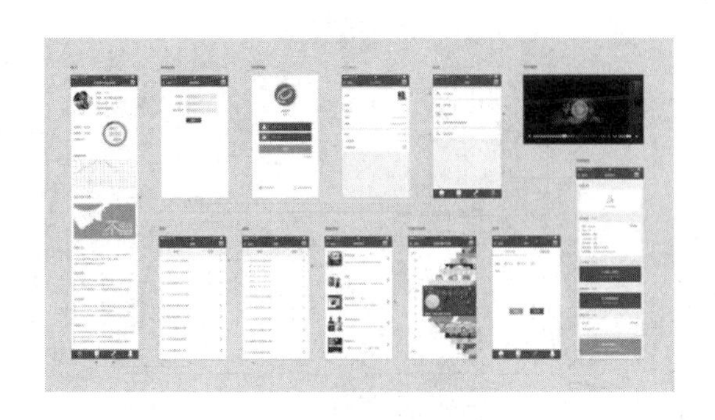

图 5-10

图 5-11

5.3.1　UI 图标设计制作

UI 图标制作 1

在用户界面中，图标是不可或缺的元素，如图 5-12 所示。虽然绝大多数的图标都很小，甚至不被人注意到，但是它们帮助设计和用户解决了许多问题。

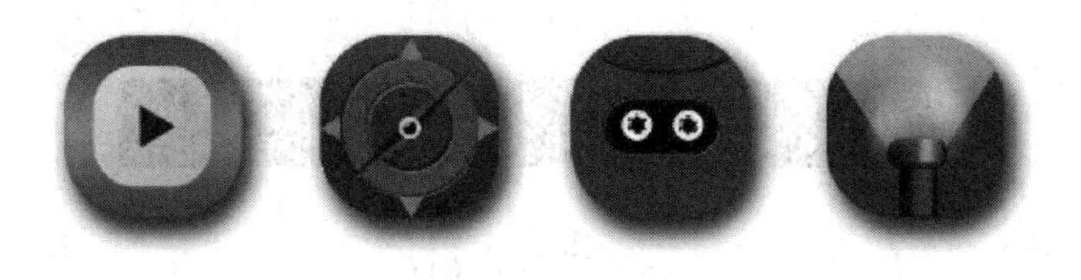

图 5-12

以图 5-13 所示的图标为例简述设计过程。

图 5-13

UI 图标制作 2

① 创建一个圆角矩形(颜色自调)，然后选中该图层，单击“fx”，选择“投影”即可添加投影效果，如图 5-14～图 5-17 所示，单击“fx”后选择“混合选项”可以编辑更多效果，如图 5-18 所示。

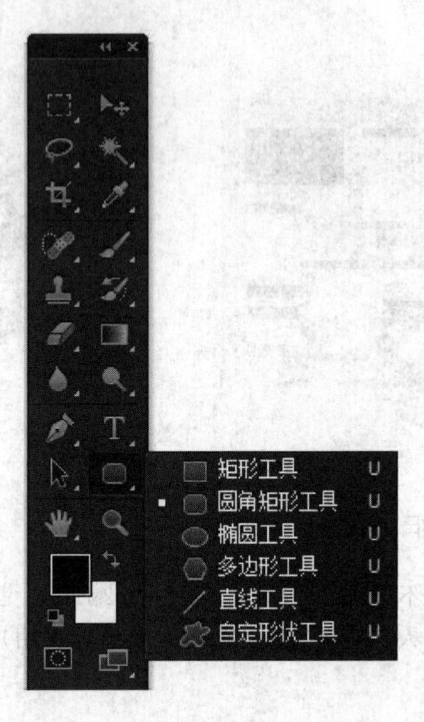

图 5-14

UI 图标制作 3

图 5-15

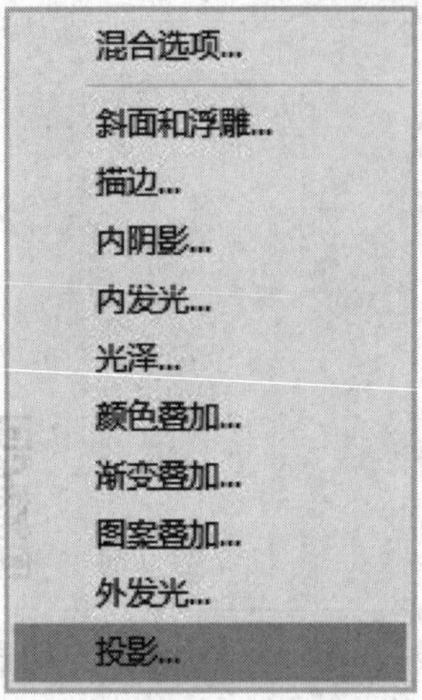

混合选项...
斜面和浮雕...
描边...
内阴影...
内发光...
光泽...
颜色叠加...
渐变叠加...
图案叠加...
外发光...
投影...

图 5-16

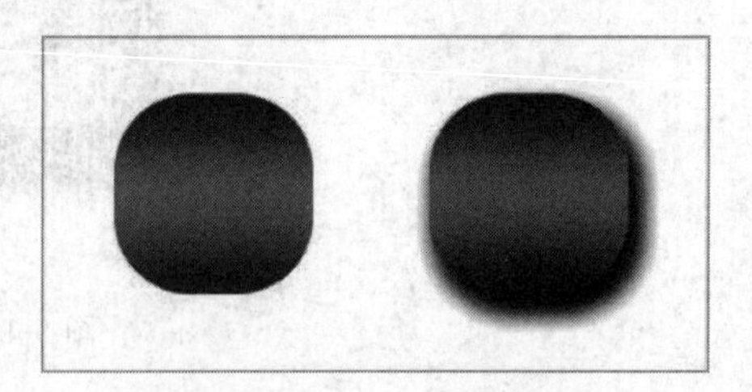

图 5-17

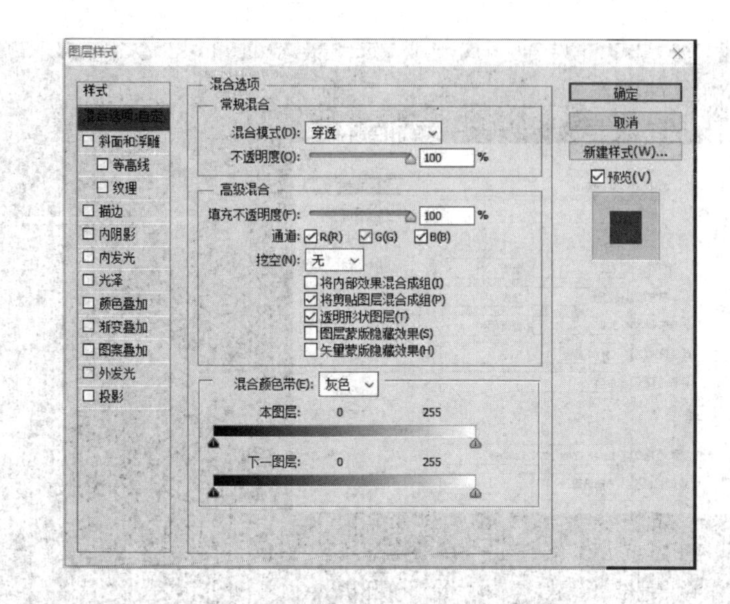

图 5-18

UI 图标制作 4

② 同理，建立新的图形与效果进行组合，如图 5-19 所示。

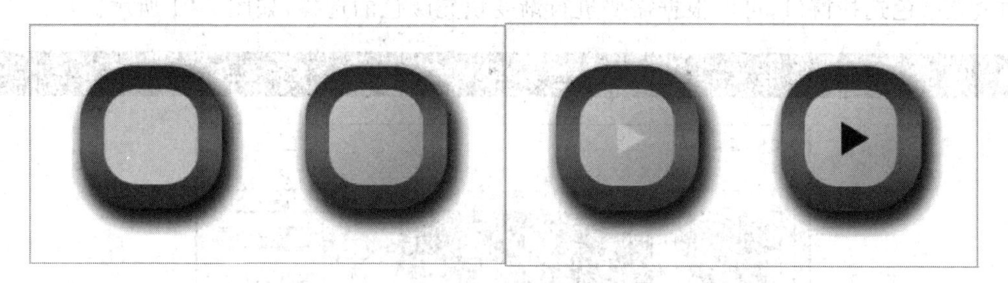

图 5-19

5.3.2 手机界面制作

1. 建立画布

首先，我们需要一个空白的画布作为制作起始图片的载体，按“Ctrl＋N”新建空白画布，在画布的设置中，把宽度设置为 720 像素，高度设置为 1 280 像素（大众手机的像素配置），如图 5-20 所示。

2. 填充背景

单击“确定”，完成画布的建立，此时画布为空白，我们需要对其进行内容的填充。首先要考虑背景的色调和内容，根据相应的手机应用的特点与功能进行背景填充（可添加一张图片作为背景，也可利用工具栏自行制作）。

渐变工具的使用如下所述。

① 在 Photoshop 工具箱中，找到“渐变工具”（快捷键是“G”）。渐变工具有助于更方便地填充背景，且渐变工具可以设置不同的渐变效果，能够很快地实现需要的效果。

② 设置渐变工具的填充颜色，单击渐变工具的颜色框，进入颜色的选择窗口。在渐变工

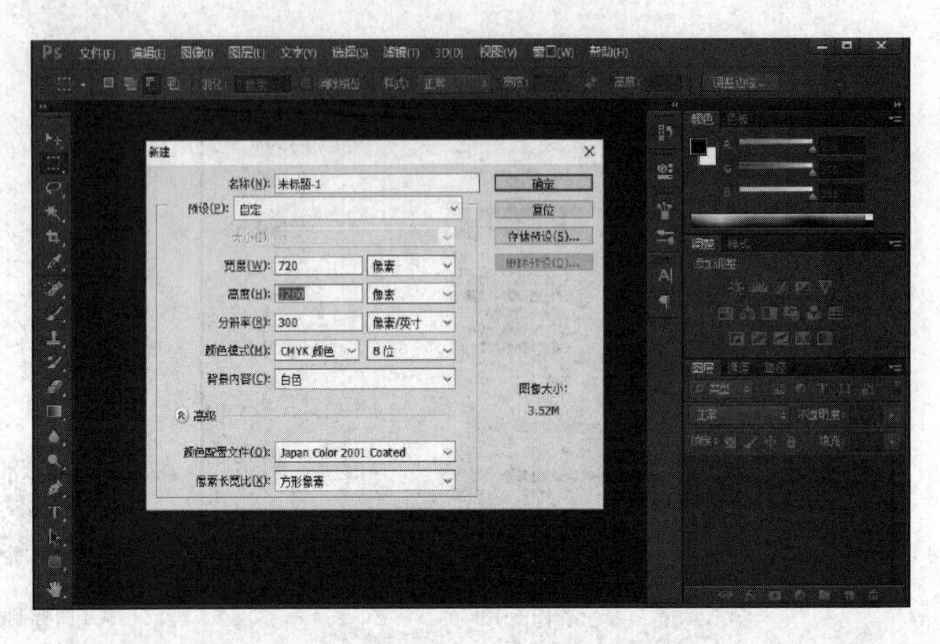

图 5-20

具的填充颜色选择窗口,可以根据需要进行渐变填充颜色的选择,如图 5-21 所示。

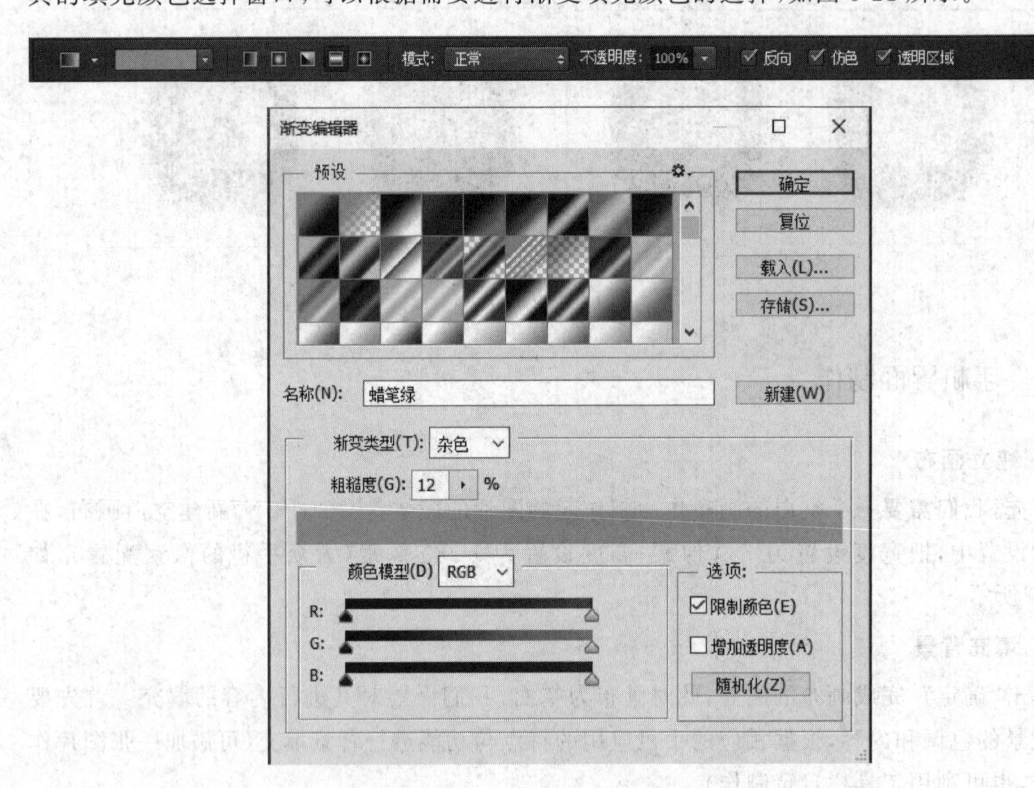

图 5-21

③ 选定颜色后,可以调整颜色的变化度,拖动箭头即可浏览颜色填充效果,可以根据需要进行颜色渐变的调整,渐变经过的色彩越多,箭头数量越多,设置完成后,单击“确定”即可,如图 5-22 所示。

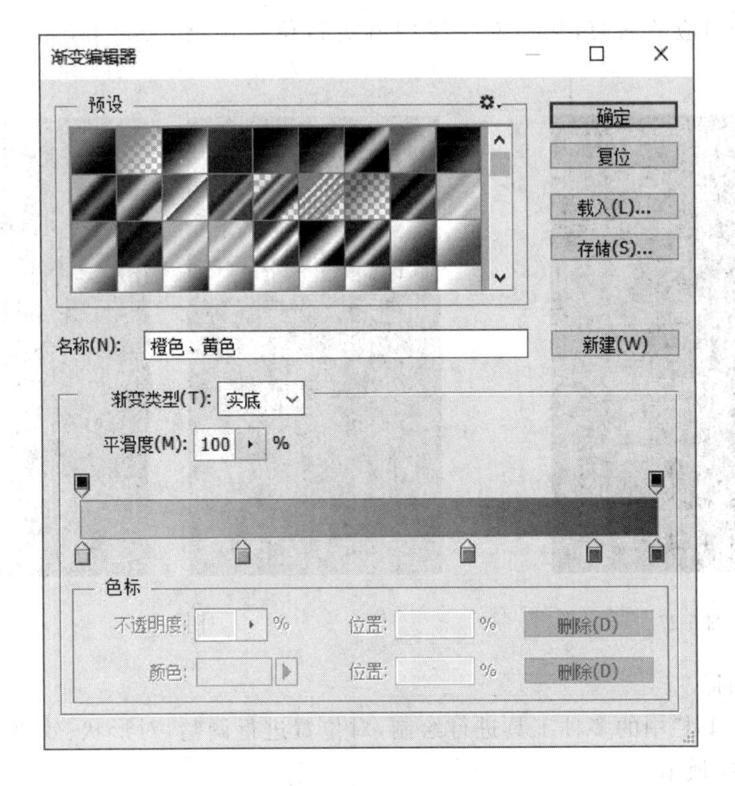

图 5-22

④ 在图 5-22 所示的对话框中，还包括渐变类型的设置，可以设置为普通渐变填充，也可以设置为放射性渐变填充等填充方式，如图 5-23～图 5-26 所示。

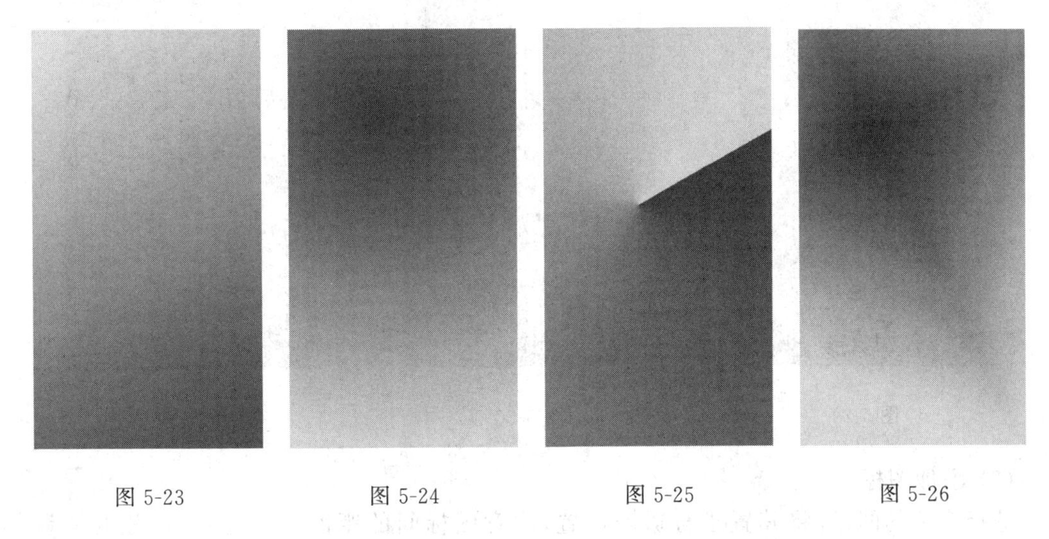

图 5-23　　图 5-24　　图 5-25　　图 5-26

⑤ 完成填充工具的所有设置后，即可进行填充，按住鼠标左键进行拖动，即可填充所有拖动到的区域，在填充时按住"Shift"键，系统会按照直线进行鼠标的拖动。

3. 添加内容

(1) 添加文字内容

选择 Photoshop 工具栏中的"文字工具"后，单击需要添加内容的位置，在此位置会出现内容填写框，输入相应的内容，然后对文字内容进行位置调整、美化等，如图 5-27 和图 5-28 所示。

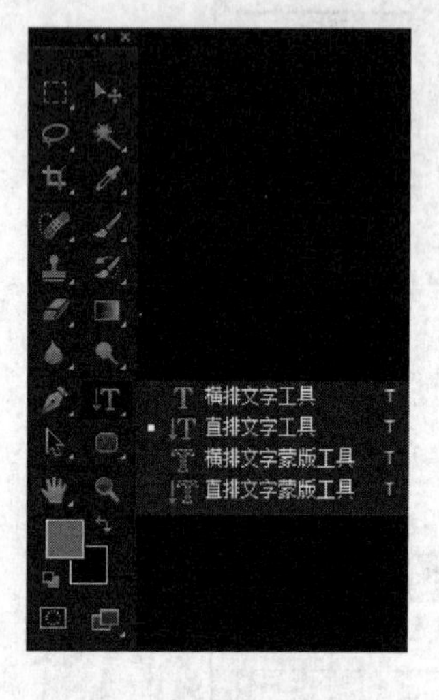

图 5-27

图 5-28

（2）添加图形

自主使用工具栏中的多种工具进行绘制，对位置进行调整，对形状、效果进行美化等，如图 5-29～图 5-31 所示。

图 5-29

图 5-30

图 5-31

（3）添加图标

选择合适的图标，将其置于合适的位置，注意图标间的距离应保持一致，相互协调，如图 5-32～图 5-35 所示。

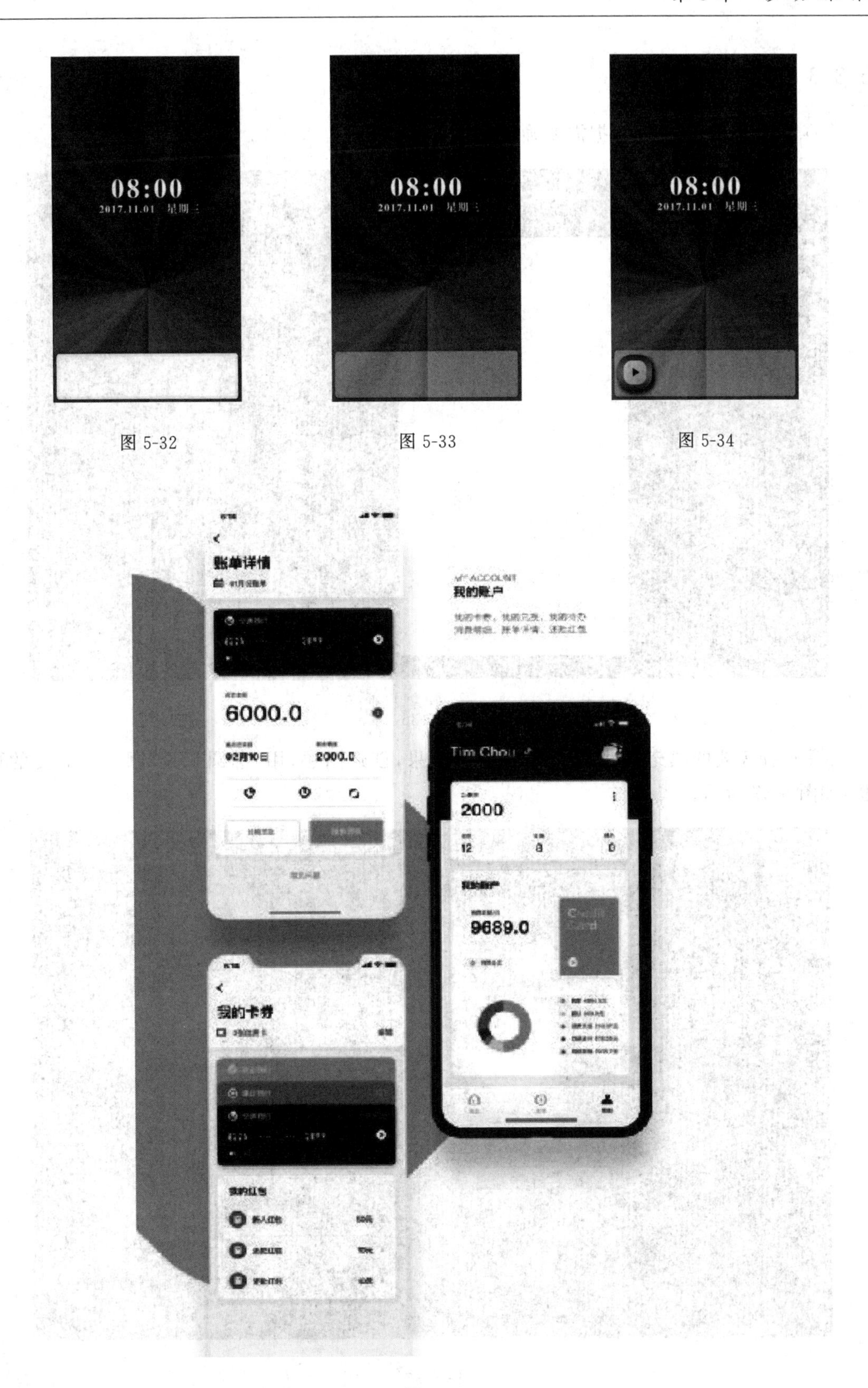

图 5-32

图 5-33

图 5-34

图 5-35

5.3.3 手机页面制作

① 新建画布,其尺寸根据需要确定,如图 5-36 所示。

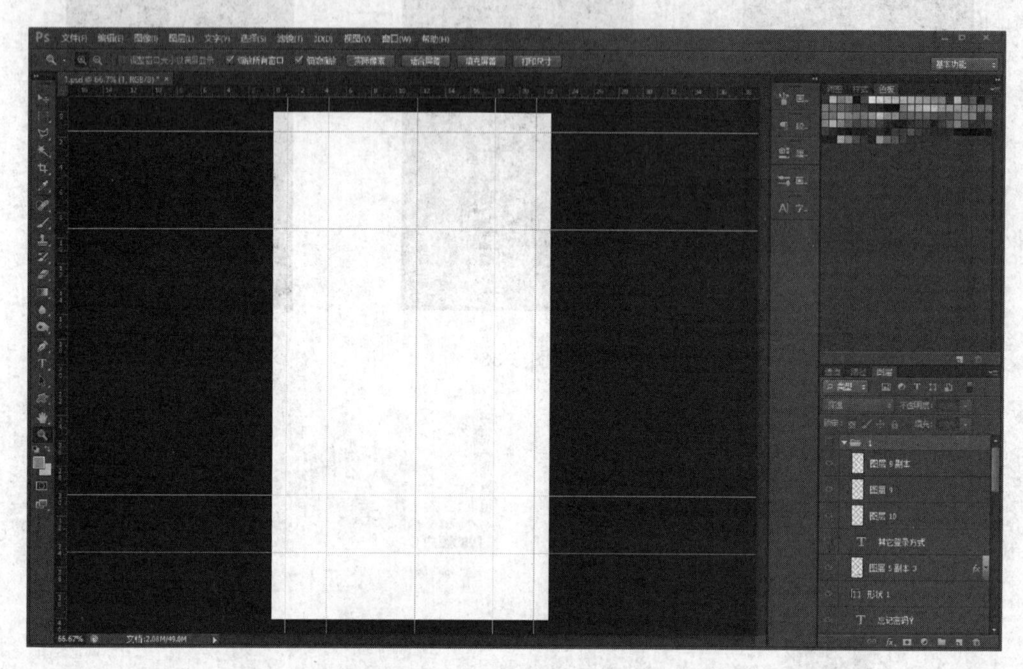

图 5-36

② 选择需要的填充颜色,适当地加一点效果,创建图层,用"椭圆工具"画一个需要的形状,如图 5-37 所示。

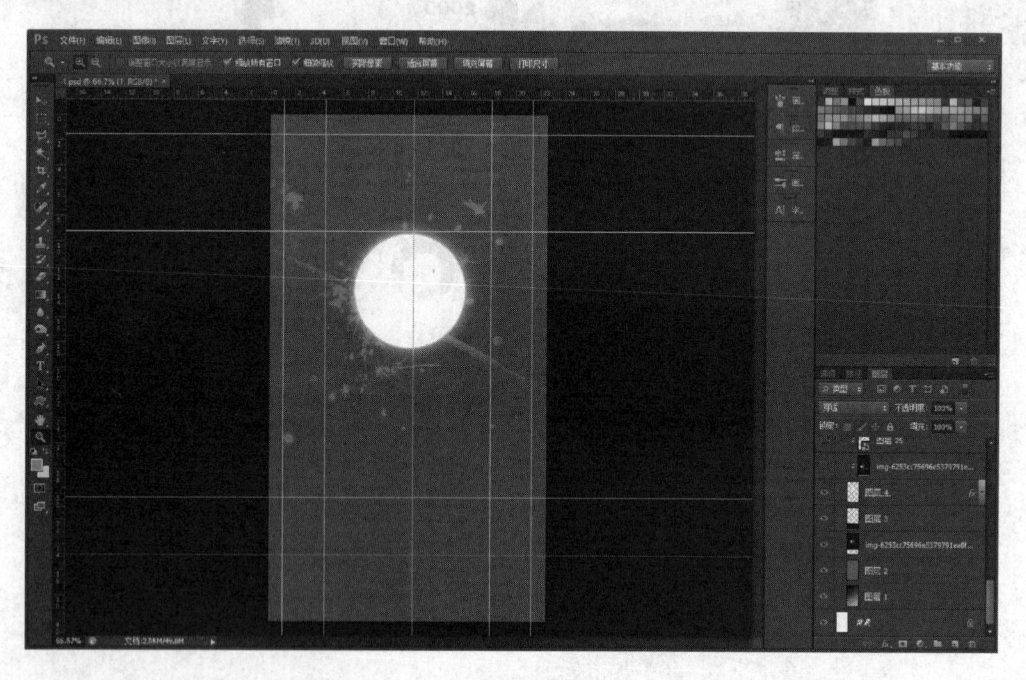

图 5-37

③ 放上需要制作的 LOGO,如图 5-38 所示。图 5-39 所示为另一类页面。

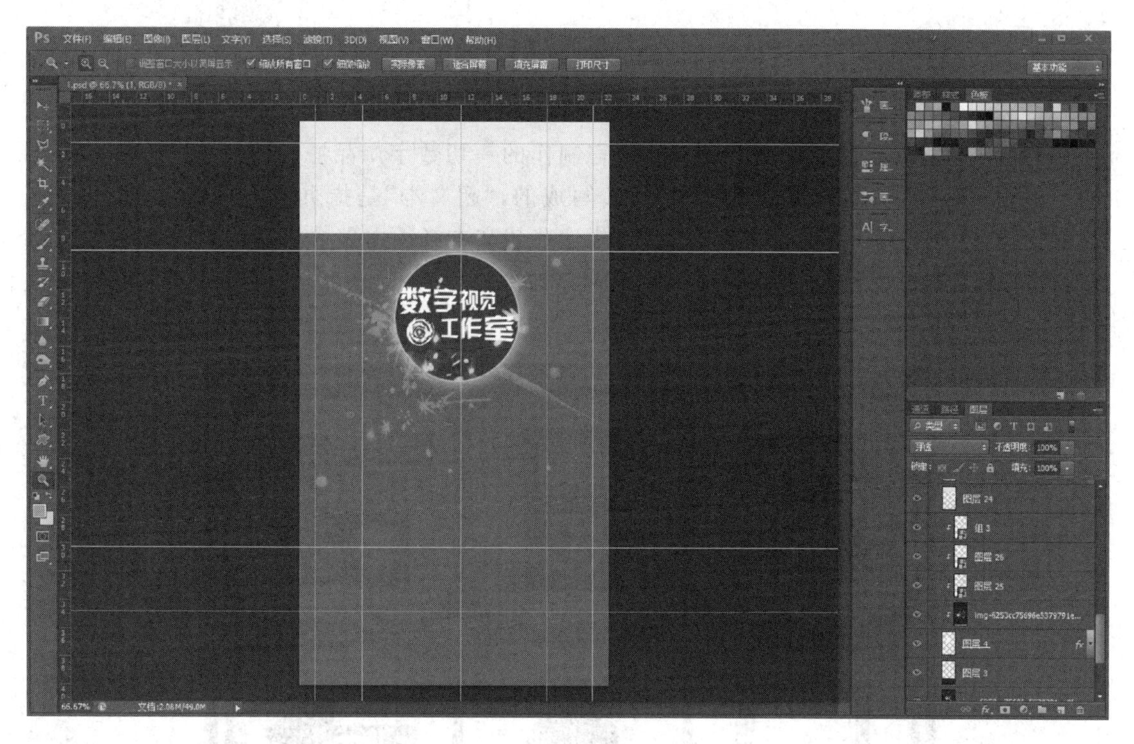

图 5-38

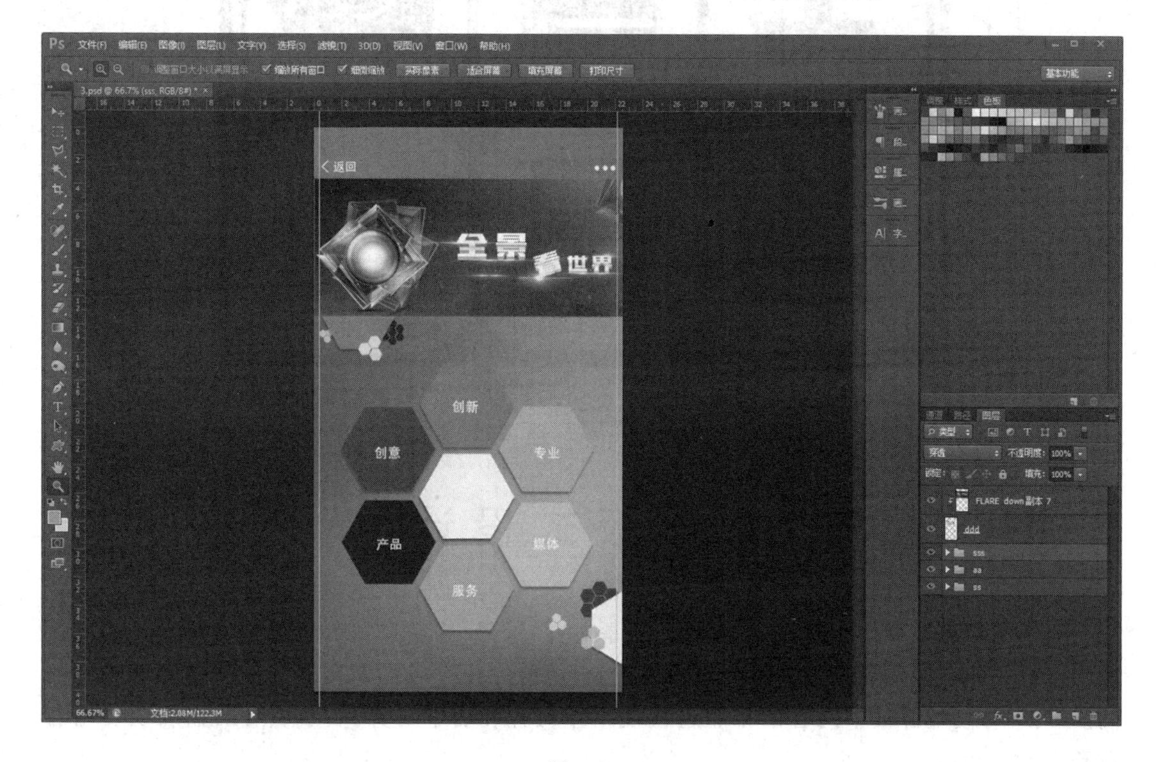

图 5-39

5.4 H5

H5 是指第五代 HTML，也指用 H5 语言制作的一切数字产品。HTML 即“超文本标记语言”，我们所看到的网页多数是由 HTML 写成的，“超文本”是指页面内可以包含图片、链接，甚至音乐、程序等非文字元素，“标记”是指这些超文本必须由包含属性的开头与结尾标志来标记。浏览器通过解码 HTML 就可以把网页内容显示出来，这也是互联网兴起的基础，如图 5-40 所示。

图 5-40

5.5 版式设计

对任何信息进行排布时，首先要掌握的是对齐、重复、亲密、对比，这些是贯穿设计的四大原则。对齐除了能建立一种清晰精巧的外观外，还能方便开发的实现。基于从左上至右下的阅读习惯，移动端界面中内容的排布通常使用左对齐和居中对齐，表单填写的输入项使用右对齐。

设计要有轻重缓急之分，不要让用户去找重点（需要注意的地方），应该让用户流畅地接收到我们想要传达的重要信息。重复和对比是一套“组合拳”，让设计中的视觉元素在整个设计中重复出现既能增加条理性，又能加强统一性，以降低用户认知的难度。在需要突出重点时可以使用对比的手法，例如，利用图片大小的不同或颜色的不同表示强调，让用户直观地感受到最重要的信息，如图 5-41 所示。

图 5-41

5.6　手机页面效果图

以 AI 为后缀的文件是指通过 Adobe Illustrator(AI)软件存储得到的图片格式，这种格式的图片是矢量的，与 AI 格式类似的基于矢量输出的格式还有 EPS、WMF、CDR、PLT、PDF 等。AI 和 CD(CorelDRAW)的区别在于，AI 是国外平面设计师常用的软件，CD 为国内设计软件，它们各有优势，AI 兼容性强，可直接支持大部分文件格式，对印刷的支持也很好，但 AI 没有 CD 通俗，如图 5-42 所示。

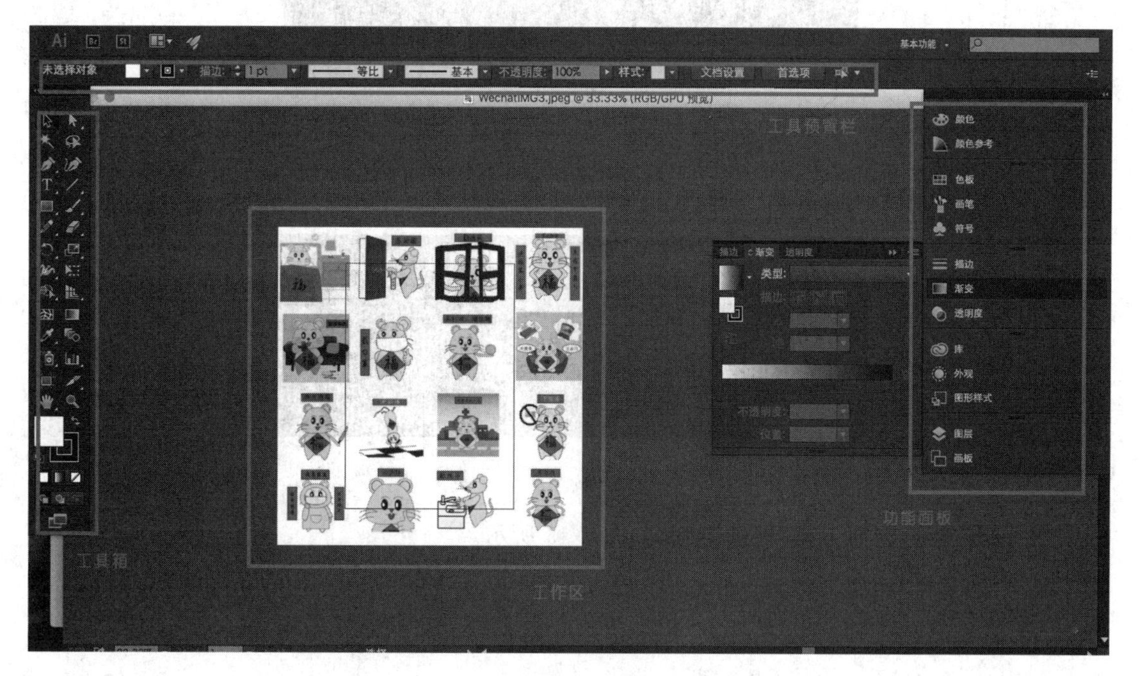

图 5-42

AI 的优势有以下几点。

① AI 在制作插画方面比 CD 更胜一筹，可以使用图层模式(熟悉 Photoshop 的人应该会很清楚这个的效果有多好)。另外，在填充网格时，AI 可以使用吸管直接吸色再填色，而 CD 做不到。

② AI 输出的颜色比 CD 输出的要准确。

③ AI 在使用上更方便。

④ AI 支持多种导入、导出格式(当然有些并不是很稳定)。

⑤ AI 的节点控制柄比 CD 的显示得更大，容易选中。

5.7 登录界面

登录界面

① 按"Ctrl+N"新建文件(2 208 像素×1 242 像素)，选择 RGB 模式，如图 5-43 所示。

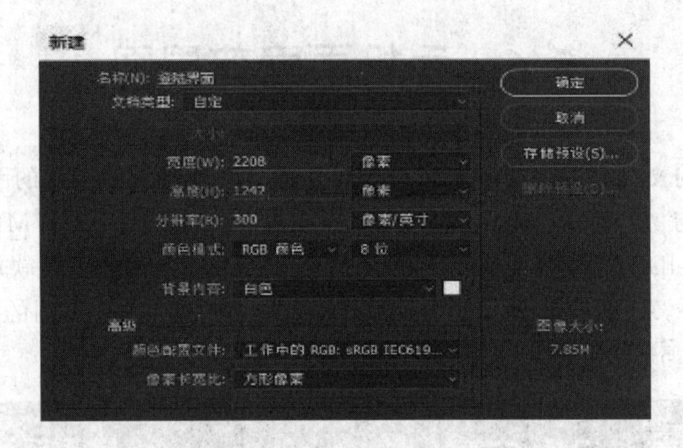

图 5-43

② 按"Ctrl+Shift+N"新建图层，如图 5-44 所示。

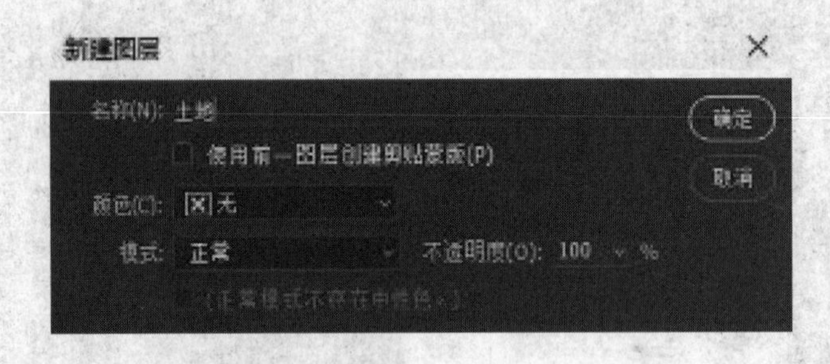

图 5-44

③ 利用"矩形选框工具"框选范围，如图 5-45 所示。

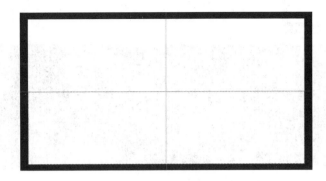

图 5-45

④ 更改前景色(＃4e1504),按“Alt＋Delete”进行前景色填充,如图 5-46 所示。

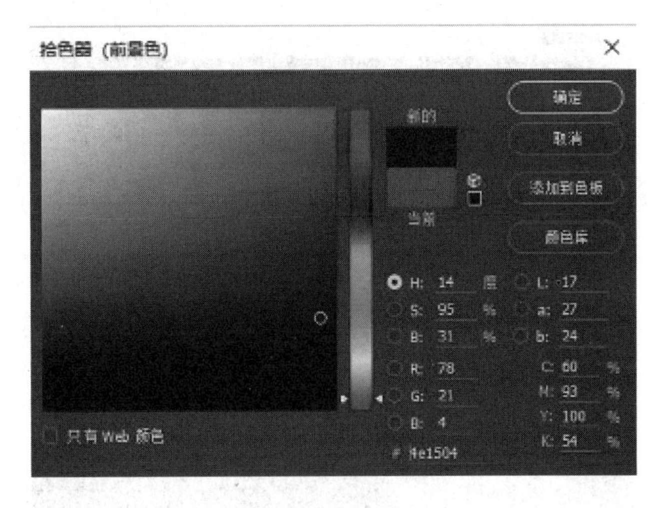

图 5-46

⑤ 再次利用“矩形选框工具”框选范围,并新建图层,如图 5-47 和图 5-48 所示。

图 5-47

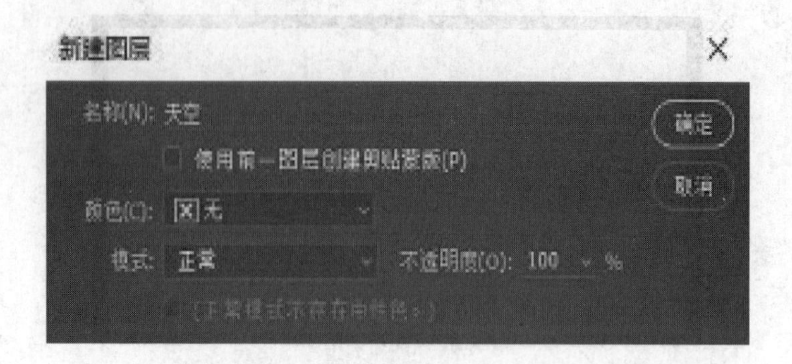

图 5-48

⑥ 选择“渐变工具”,并设置值从左至右为＃f59946,＃fec334,＃f5996,如图 5-49 所示。

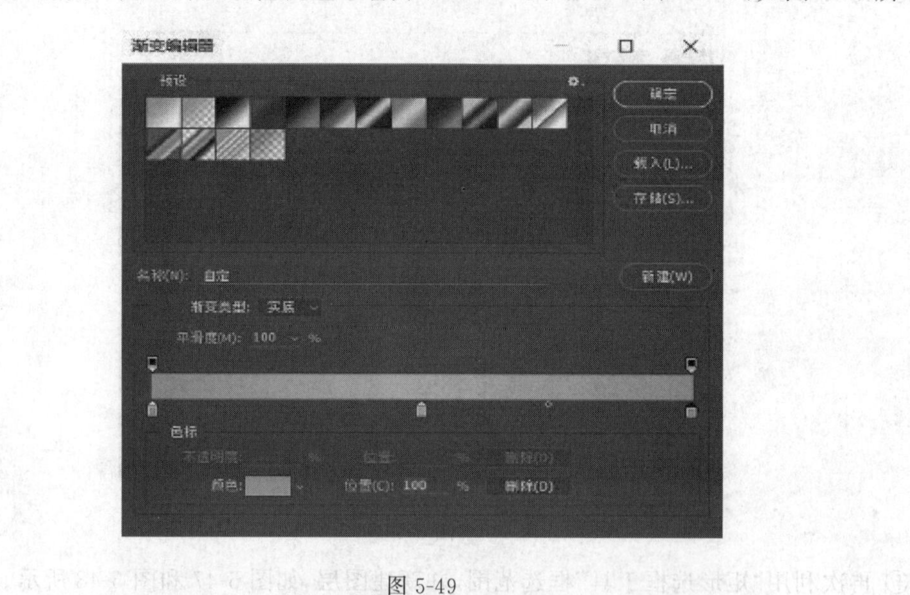

图 5-49

⑦ 选择“线性渐变”,按住“Shift”键拖动直线,按“Ctrl＋D”取消选区,如图 5-50 所示。

图 5-50

⑧ 添加图层蒙版,利用“钢笔工具”勾选范围,如图 5-51 所示。

图 5-51

⑨ 按“Ctrl+Enter”,路径转选区,如图 5-52 所示。

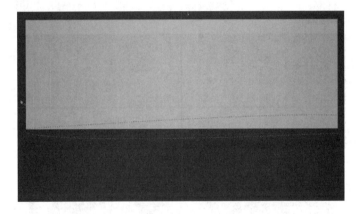

图 5-52

⑩ 在前景色为黑色的情况下按“Alt+Delete”,如图 5-53 所示。

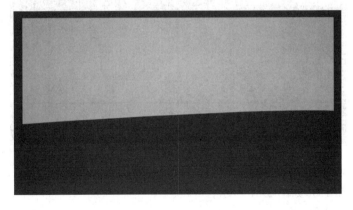

图 5-53

⑪ 按“Ctrl+T”自由变换图形,如图 5-54 所示。

图 5-54

⑫ 新建图层，利用“钢笔工具”勾选范围，然后按“Ctrl＋Enter”，如图 5-55 和图 5-56 所示。

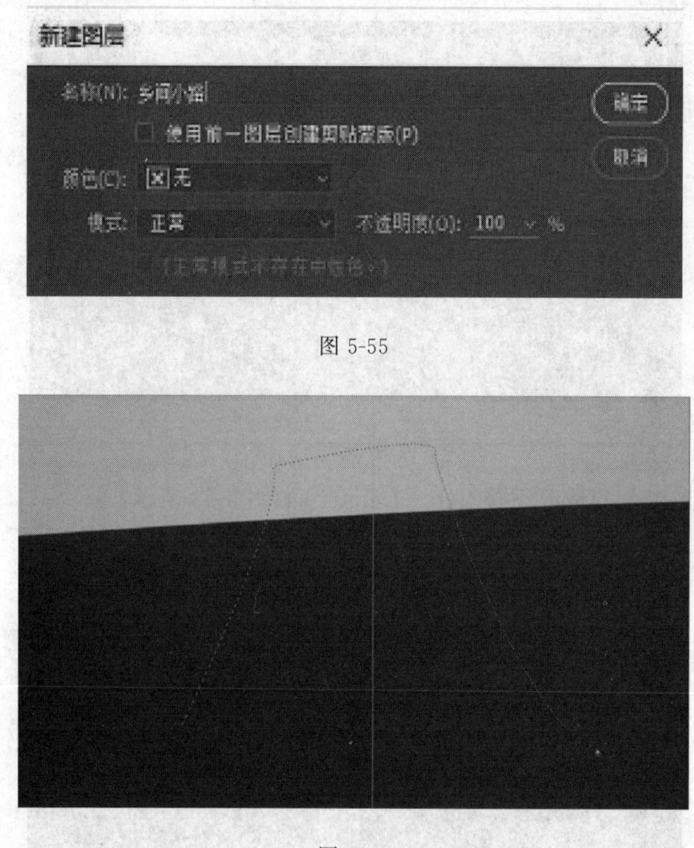

图 5-55

图 5-56

⑬ 上色(＃c98019)，如图 5-57 所示。

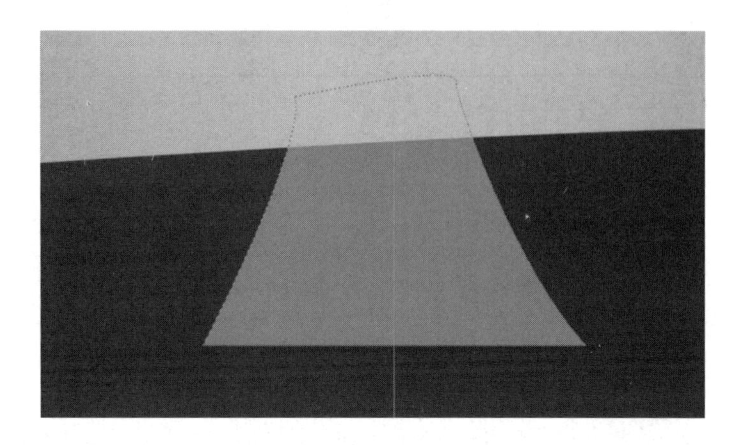

图 5-57

⑭ 新建图层,利用“画笔工具”里草的形状,按“F5”进行画笔预设,如图 5-58 所示。

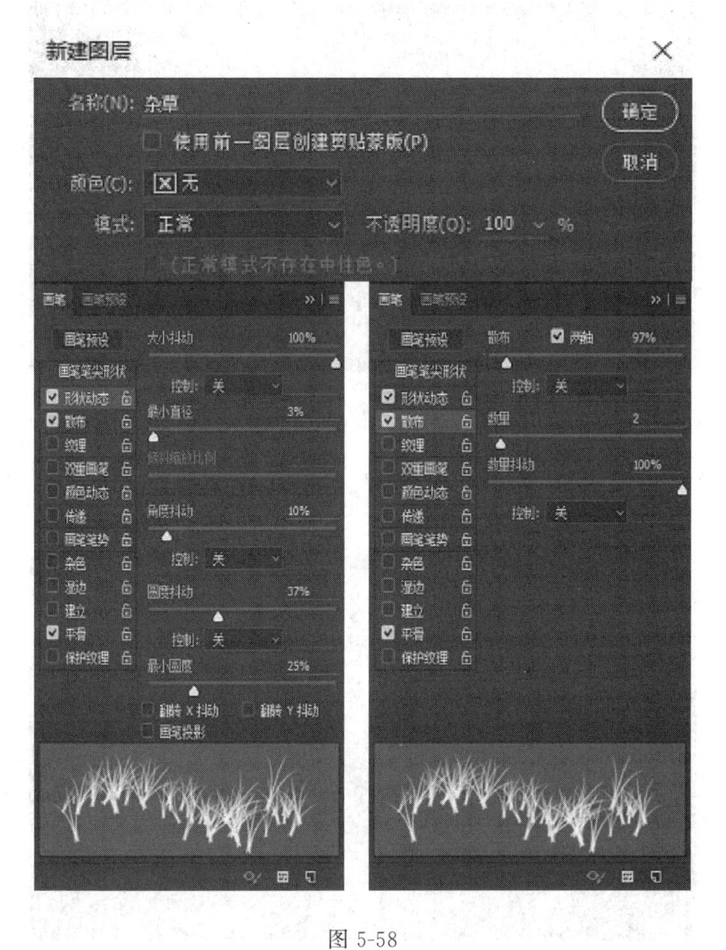

图 5-58

⑮ 利用“画笔工具”和“橡皮擦工具”在路的周围画“草”,如图 5-59 所示。

图 5-59

⑯ 在“乡间小路”的图层上添加图层蒙版，并用“画笔工具”填涂，如图 5-60 所示。

图 5-60

⑰ 放入准备好的石头的素材，并用“画笔工具”制作泥泞效果，按“Ctrl＋T”，选择“透视效果”，如图 5-61 所示。

图 5-61

⑱ 在“天空”图层上添加图层蒙版，如图 5-62 所示。

图 5-62

⑲ 用“钢笔工具”绘制蘑菇的形状，按“Ctrl＋Enter”，如图 5-63 所示。

图 5-63

⑳ 上色，在不取消选区的情况下用柔边画笔点在蘑菇上，并多复制几个，如图 5-64 所示。

图 5-64

㉑ 新建图层，在蘑菇的周围上色，使蘑菇与土地融合，如图 5-65 所示。

图 5-65

㉒ 导入素材,如图 5-66 所示。

图 5-66

㉓ 新建图层,用“钢笔工具”勾选出山的形状,填充一个灰调的颜色,降低其不透明度,用“橡皮擦工具”擦除底部,如图 5-67 所示。

图 5-67

㉔ 新建图层制作月亮：利用“椭圆选框工具”按住“Shift”键绘制正圆，单击剪切按钮，在正圆中再绘制一个正圆，得到一个月牙形，如图 5-68 所示。

图 5-68

㉕ 对得到的月牙形填充白色，更改图层样式，如图 5-69 所示。

图 5-69

㉖ 新建图层制作云：用“钢笔工具”绘制图形，填充颜色（＃edda5a），右击选择“羽化”，按

“Ctrl＋Shift＋I”进行反向选择，然后按“Delete”清除，如图 5-70 所示。

图 5-70

㉗ 新建图层，用星星画笔绘制，并调整不透明度，如图 5-71 所示。

图 5-71

㉘ 利用“圆角矩形工具”绘制游戏的登录界面并将路径转为选区，如图 5-72 所示。

图 5-72

㉙ 填充颜色，并填充描边颜色（在不取消选区的情况下，右击选择“描边”），更改不透明度，如图 5-73 所示。

图 5-73

㉚ 用相同的方式制作其他小的方框，利用“文字工具”添加文本，并导入图标图片，如图 5-74 所示。

图 5-74

5.8　开始界面

开始界面

① 新建文件（2 208 像素×1 242 像素），并导入先前做好的背景图。

② 新建图层，建立椭圆选区，如图 5-75 所示，填充颜色并降低其不透明度。

图 5-75

③ 用相同的方法制作其他区域并利用“文字工具”添加文本，如图 5-76 和图 5-77 所示。

图 5-76

图 5-77

④ 导入素材并利用“文字工具”添加文本，如图 5-78 所示。

图 5-78

5.9　设置界面

设置界面

① 新建文件并新建图层，导入图 5-78 所示的开始界面做背景。

② 添加图层蒙版，用灰白渐变制作模糊效果，如图 5-79 所示。

图 5-79

③ 利用制作登录界面的方法制作设置界面，如图 5-80 所示。

图 5-80

好音质，不将就
享受天籁之音
音质卓越
音质卓越
热销价:188
立即抢购>

网易云音乐
网易云 · 鲸云上线

网易云 · 鲸云上线
爱要让你听见，更要让你『看见』

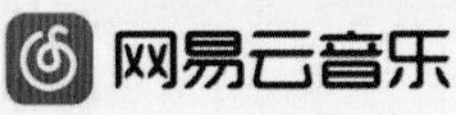

网易云公司版权所有@2018

网易云音乐

北京课工场融合科技有限公司作品

mobike
摩拜单车

mobike lite

mobike lite采用了和小橙车同样的专利、智能锁和系统。
配置了一体轮、橙色蜂窝状实心轮胎、银色车筐、座椅可调节（但需要扳手）。
相比较小橙车需要依靠轴传动发电的方式，lite采用了太阳能的发电技术，并将太阳能面板放置在了车篮

使用摩拜单车智能手机应用，
用户可以用自己的手机查看单车位置，
继而预约并找到该车。

摩拜单车经过专业设计，将全铝车身，防爆轮胎，
轴传动等高科技手段集于一体，使其坚固耐用，
进而降低维护成本。定制的单
车外形在街头有较高的辨识度。

为了让人人都有单车可骑，摩拜单车定价为每半小时1元人民币。
鼓励人们回归单车这种低碳的，占地面积小的出行方式，缓解交通压力，保护环境。

北京课工场融合科技有限公司作品

金立烧烤
JINLI BARBECUE

东炎茗品
DONG YAN MING PIN

锐悦信息
RUIYUE INFORMATION

酷云互动

两兄弟酒吧

TWO BROTHER'S BAR

北京课工场融合科技有限公司作品 (LOGO 展示)